丛林林 韩冬 编著

Design and Drawing for Landscape Architecture
园林景观设计与表现

中国青年出版社

preface

本书没有过多的园林法则方面的理论，而是直接切入设计与表现。多年的上课经验让我觉察到，对于园林景观的初学者来说，他们对那些园林造景手法并不感兴趣，确切地说是听不懂。这并不是老师的讲课水平差，也不是学生不认真听讲，而可能是方法不对的问题。后来我试了一下反过来讲课，将设计与表现放在前面讲解，在学生动手绘制的过程中会存在各种各样的问题，这时再一个一个地渗透运用园林造景手法，去解决他们的问题，这样的教学效果反而会更好。因为他们已经认真地思考过，对存在的问题想要得到解答，这个时候老师再给予正确的指引，他们的精力会特别集中，明白得更快，甚至还会自己加以总结和联想。这本《园林景观设计与表现》以中小型景观设计为主题，从细节到整体一步一步深入，让初学者每一步都能参与到设计中，培养他们积极主动的思考能力和动手实践能力。

本书系2016年度广西壮族自治区中青年教师基础能力提升项目"典型地被植物培育及在校园景观建设中的应用研究"阶段性研究成果。在此衷心地感谢桂林理工大学博文管理学院的支持与鼓励。另外，本书1、2、5、6、7章内容由桂林理工大学博文管理学院丛林林编著，约15.9万字；3、4章由桂林理工大学艺术学院韩冬编著，约15.3万字。

概述 preface

园林景观设计是指在一定的地域范围内，运用园林艺术和工程技术等手段，通过改造地形，种植树木、花草，营造建筑和布置园路等途径创作而建成美的自然环境和生活、游憩境域的过程。是设计者对自然环境进行有意识改造的思维过程和筹划策略。通过景观设计，使环境具有美学欣赏价值、日常使用的功能，并能保证生态可持续性发展。在一定程度上，体现了人类文明的发展程度和价值取向及设计者个人的审美观念。

大面积的森林公园、滨河景观、城镇总体规划等大多是从地理，生态角度出发；中等规模的主题公园设计，街道景观设计常常从规划和园林的角度出发；面积相对较小的城市广场，小区绿地，甚至住宅庭院等又是从详细规划与建筑角度出发；但无疑这些项目都涉及景观因素。在规划及设计过程中对景观因素的考虑，通常分为硬质景观（hard scape）和软质景观（soft scape）。 硬质景观通常指建筑、铺装，景观小品等；软景观是指植被，水体等。

contents

植物种植设计与表现

园林植物配置是园林规划设计的重要环节。按植物生态习性和园林布局的要求，合理配置园林中的各种植物，以发挥它们的园林功能和观赏特性。

1.1 植物的分类

园林植物常按照其形态特征和生长习性的不同加以分类。掌握植物的生长习性并按照其生长规律进行配置，可以达到预期的效果。比如植物对光照的要求、土壤的要求、水分的要求等。掌握植物的形态特征，可以有效地配置出观赏价值较高的植物景观，比如植物的大小、高低、色彩、叶形、花形等。

1.1.1 按植物的形态来分类

1. 乔木

有一个直立主干且高度可达5米以上的木本植物称为乔木。与低矮的灌木相对应，通常见到的高大树木都是乔木，如木棉、松树、玉兰、白桦等。乔木按冬季或旱季落叶与否又分为落叶乔木和常绿乔木。

2. 灌木

主干不明显，常在基部发出多个枝干的木本植物称为灌木，如紫荆花、龙船花、杜鹃、牡丹等。

3. 亚灌木

为矮小的灌木，多年生，茎的上部为草质，在开花后枯萎，而基部的茎是木质的植物，如绣球、月季、决明等。

4. 草本植物

草本植物的茎含木质细胞少，全株或地上部分容易萎蔫或枯死，如鸢尾、菊花、百合、凤仙等。又分为一年生、二年生和多年生草本。

（1）一年生草本

植物的生命周期短，由数星期至数月不等，在一年内完成其生命过程，然后全株死亡，如白菜、豆角等。

（2）二年生草本

植物于第一年种子萌发、生长，至第二年开花结果后枯死的草本植物，如甜菜。

（3）多年生草本

生长周期年复一年，多年生长，地上部分在冬天枯萎，来年继续生长和开花结果，如鸢尾、石蒜等。

5. 藤本植物

茎长而不能直立，靠倚附他物而向上攀升的植物称为藤本植物。藤本植物按照茎的性质又分为木质藤本和草质藤本两大类，常见的紫藤为木质藤本，爬山虎为草质藤本。藤本植物依据有无特别的攀缘器官分为：攀缘性藤本，如瓜类、豌豆、薜荔等具有卷须或不定气根的植物，能够卷缠他物生长；缠绕性藤本，如牵牛花、忍冬等，其茎能缠绕他物生长。

1.1.2 按植物的生态习性来分类

1. 陆生植物

指生于陆地上的植物，如枫树、樟树、榕树等。

2. 水生植物

指植物全部或部分沉于水的植物，如荷花、睡莲等。

3. 寄生植物

指寄生于其他植物上，并以吸根侵入寄主的组织内吸取养料为自己生活营养的一部分或全部的植物，如桑寄生、菟丝子等。

1.1.3 按乔灌木的叶形特征来分类

1. 针叶树

针叶植物大多数是常绿的，具有类似针一样的叶子。

针叶树可用在需要全年保留绿色的地方。针叶树应与落叶树联合运用，使得在一年之中，落叶树落叶后，植物景观仍保持一定的密实度和绿色。针叶树在屏蔽不好的视野和阻挡冷风方面是特别有效的，另外，它们可以成组栽植，作为落叶树的背景。

2. 阔叶树

阔叶树分为常绿和落叶两种，叶子形状多样，圆形、伞形、卵形等。常绿阔叶树整年保留着绿色的叶子。阔叶常绿林的叶子可以为整个植被构成提供一个深色而有光泽的背景。落叶树秋天落叶，春天又萌发新叶。因此，它们能表现出明显的季相变化和季节的更替变化。另外，许多落叶植物都具有烂漫的春花、艳丽的秋叶。如观赏植物山茱萸、山楂、加拿大紫荆等，因其丰富的季相变化而被广泛应用。并且，落叶树在夏季较热的月份能带来阴影，在冬季较冷的月份又不遮挡光线。在园林景观设计中，常绿树和落叶树通常穿插搭配种植。

1.1.4 植物的形态特征和生长习性

1. 形态特征

在园林景观设计中，虽不用像植物学那样将植物做详细的分类，但至少要知道常用景观植物的树形、叶形、花形、花期、色彩以及常绿或落叶等生长周期方面的特征，这些可以帮助我们在做植物配植时营造更美、更协调的植物景观。

如杜鹃的形态特征：落叶或常绿灌木，叶纸质，卵状椭圆形，两面均有糙伏毛。花2~6朵簇生于枝端，花冠有粉红、深红、白等颜色，宽漏斗状，花期3~5个月。（如图1-1、1-2）

1-1 杜鹃的花和叶子

1-2 杜鹃绿篱景观

2. 生长习性

植物的生长习性就是植物对生长环境的要求，如，抗寒、不耐热；耐旱、忌潮湿；喜阳、不耐阴；需要砂质土壤、腐殖质土壤、偏酸性土壤或偏碱性土壤等。这些都需要在做植物配植之前对栽种场地现状进行足够的了解和深入的调查，只有这样才能使植物茁壮成长，达到设计的预期效果。

如杜鹃的生长习性：喜凉爽、湿润气候，恶酷热干燥，要求富含腐殖质、疏松、湿润及PH在5.5~6.5之间的酸性土壤。部分园艺品种的适应性较强，耐干旱、瘠薄，土壤PH在7~8之间也能生长。但在黏重或通透性差的土壤上，生长不良。杜鹃花对光有一定要求，但不耐曝晒，夏天应有落叶乔木或荫棚遮挡烈日，并经常以水喷洒地面，耐修剪等。

建议初学者按地区（如学习或工作所在地）查找资料做一个常用景观植物表，乔木、灌木、草本植物各50个，藤本植物20个，水生植物各10个。表中内容包括：植物图片、植物名称、植物形态特征和生长习性。

1.2 植物的种植形式

植物的种植形式就是植物的造景手法，每一种种植形式都会形成不同的植物景观效果，而在园林景观设计中，经常是几种种植形式的混合才能达到最终想要的设计效果。因此掌握植物的种植形式在植物造景设计中是至关重要的。

1.2.1 植物的造景术语

在植物造景中，利用植物自身的质地、美感、色泽及绿化效果，建立多种类型、多种功能、丰富多样的景观。

植物所形成的单体景观和组合景观都有其特定的称呼，如孤植树景观、丛植树景观、树群景观、绿篱景观和花坛景观等。

1. 孤植

孤植是单体的大型乔木，以其优美的形态或漂亮的色彩展示在视野开阔的空间中，往往是所在空间的主景和焦点，如种植在宽阔的草地上、大面积的铺装上或水体中央。所栽树种要么姿态优美、要么色彩亮丽，以其独特的形态特征给人极强的视觉冲击力。（如图1-3）

图1-3

2. 丛植

丛植是将几棵树或同一品种或不同品种按形式美的构

图规律，既能够表现树木的群体美，又能够烘托树木个体美的组合形式。在形态上有高低、远近的层次变化，色彩上有基调、主调与配调之分。群体的疏密错落布局形成明显的空间从属关系，随着观赏视点的变换和植物季相的演变，树丛的群体组合形态、色彩等景象表现也随之变化。（如图1-4）

图1-4

3. 群植

群植是以树木群体美为主的树丛群体的扩展形式。可采用纯林，更宜混交林。由乔、灌、花草共同组成自然式树木群落，具有曲折迂回的林缘线、起伏错落的林冠线和疏密有致的林间层次，立体感强。（如图1-5）

4. 绿篱

凡是由灌木或小乔木以近距离的株行距紧密结合的种植形式都称为绿篱。可种植成单行、多行或不同形状的模纹形式。

（1）常绿绿篱

常绿绿篱由常绿灌木或小乔木组成，一般修剪成规则式。常用树种有：珊瑚、大叶黄杨、冬青、小叶女贞、海桐、蚊母、龙柏、石楠等。（如图1-6）

图1-5

图1-6

（2）花篱

花篱是由开花灌木组成，可修剪成规则式，如：红花继木、杜鹃、扶桑等；也可任其生长，不进行修剪，如：金丝桃、栀子花、迎春、黄馨、六月雪等。（如图1-7）

图1-7

（3）果篱

果篱是由果实鲜艳有观赏价值的灌木组成，秋季结果，一般不作大修剪。常用树种：十大功劳、南天竹、火棘、小檗、构骨、胡颓子等。（如图1-8）

图1-8

5. 花坛

花坛是以草本花卉为主的众多植株的集合体，以艳丽的花卉群体色彩表现花坛的图案纹样或模拟造型，具有工艺美的表现特点。

（1）花丛式花坛

此种花坛不适宜采用复杂的图案，但要求图案轮廓鲜明，对比度强，重点是观赏开花时花草群体展现出来的华丽鲜艳的色彩。因此必须选用花期一致、花期较长、开花整齐、高矮一致的花卉，如三色堇、金鱼草、一串红、石竹、矮牵牛、孔雀草、万寿菊等草本花卉。同时一些一二年生的彩叶植物也很常用，如彩叶竹芋、红背竹芋、朱蕉等花丛式花坛观赏价值很高，但很费成本，主要应用在园林重点地段的布置。（如图1-9）

图1-9

（2）模纹式花坛

模纹式花坛主要以精细的图案为表现主题。此种花坛应用的植物要求是植株低矮、株丛紧密、生长缓慢、耐修剪，除了多年生草本还可以是低矮灌木，如五色苋、半枝莲、香雪球、细叶雪茄花、红继木、黄素梅、杜鹃等。（如图1-10）

图1-10

6. 花境

花境是指利用露地宿根花卉、球根花卉及一二年生花卉，栽植在树丛、绿篱、栏杆、绿地边缘、道路两旁及建筑物前，以带状自然式栽种。它是根据自然风景中林缘野生花卉自然分散生长的规律，加以艺术提炼，而应用于园林景观中的一种植物造景方式。很多花坛植物和地被植物都可以用来造景。（如图1-11）

图1-11

7. 地被植物

　　地被植物是指那些株丛密集、低矮的植物。地被植物经简单管理即可用于代替草坪覆盖在地表、防止水土流失，同时能吸附尘土、净化空气、消除污染并具有一定观赏和经济价值的植物。它不仅包括多年生低矮草本植物，如红花酢浆草、蛇莓、地被菊、吉祥草、虎耳草、葱兰、白芨、玉簪、鸢尾等花境植物，还有低矮的灌木和匍匐型的藤本植物，如铺地柏、紫竹梅、蔓花生、络石等。（如图1-12）

图1-12

8. 草坪

　　平坦的草地，多指园林中用人工铺植草皮或播种草子，培养形成的整片绿色地面。常用草坪植物有马尼拉、狗牙根、黑麦草、马蹄金、假俭草等，还可以配置缀花草坪，如酢浆草、蛇莓、二月兰等。（如图1-13）

图1-13

1.2.2 规则式种植形式

规则式种植布局均整、秩序井然，具有统一、抽象的艺术特点。在平面上，具有一定的种植株距，常与几何式的铺装和水体按一定的行间距来进行布置，可对称，可均衡，可以是整齐划一的直线，也可以是有韵律感的弧线和曲线。

1. 直线式布置

植物沿着铺装、道路或水体边线呈直线式排列，该布置方法适合矩形主题和多边形主题的地形地块。（如图1-14、1-15、1-16）

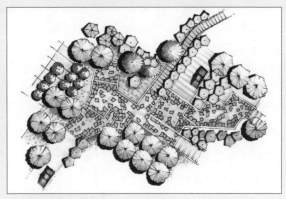

图1-16 直线式植物布置示例三

2. 曲线式布置

植物沿着铺装、道路或水体边线呈曲线式排列，该布置方法适合圆形主题和曲形主题的地形地块。（如图1-17、1-18）

图1-14 直线式植物布置示例一

图1-17 曲线式植物布置示例一

图1-15 直线式植物布置示例二

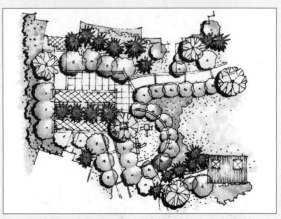

图1-18 曲线式植物布置示例二

1.2.3 自然式种植形式

　　园林内种植不成行列式排布，以反映自然界植物群落自然之美，花卉布置以花丛、花群为主，不用模纹花坛。树木配植以孤立树、树丛、树林为主，不用规则修剪的绿篱，以自然的树丛、树群、树带来区划和组织园林空间。不要求株距或行距一定，不按中轴对称排列，不论组成树木的株数或种类多少，均要求搭配自然。一般采用不等边三角形配植和镶嵌式配植。

1. 不等边三角形配植

　　一种或两种单体的树成组种植在一起，在平面布局上，每连接三棵树的中心点都呈不等边三角形，这样的配置方法就是不等边三角形配植。遵循植物自然生长规律，大小搭配、高低错落、疏密有致。（如图1-19、1-20、1-21、1-22）

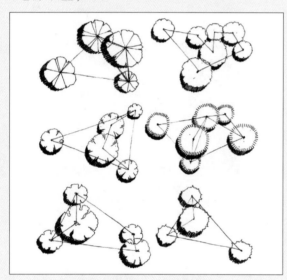

图1-19　同种植物的自然式种植

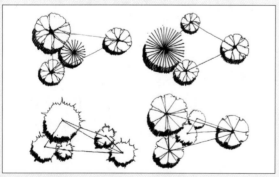

图1-20 不同种植物的自然式种植。注：一般为数量较少的植物丛植，树种不宜过多（如图1-21）

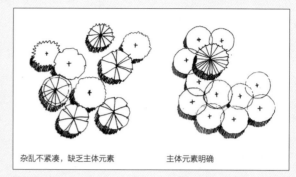

杂乱不紧凑，缺乏主体元素　　　　主体元素明确

图1-21

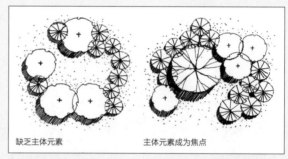

缺乏主体元素　　　　主体元素成为焦点

图1-22

2. 镶嵌式配植

　　镶嵌性表明植物种类在水平方向上的不均匀配置，使群落在外形上表现为斑块相间的现象，这种特征的群落叫作镶嵌群落。在镶嵌群落中，每一个斑块就是一个小群落，具有一定的种类成分，是整个群落的一小部分。（如图1-23）

图1-23　镶嵌式植物配置

1.2.4 混合式种植形式

混合式种植既有规划式，又有自然式。在某些公园中，有时为了造景和立意的需要，往往是规则式和自然式的种植相结合。比如在有明显轴线的地方，为了突出轴线的对称关系，两边的植物多采用规则式种植。而在宽敞的草地上、起伏不平的土丘上或设计用地的周边地带多采用自然式种植。

一般情况下，其园林艺术主要在于开辟宽广的视野、引导视线、增加景深和层次，并能充分表现植物美和地形美。一方面利用草坪空间、水域空间、广场空间等形成规整的几何形，按照整形式或半整形式的图案栽植观赏植物以表现植物的群体美；另一方面，保留自然式园林的特点，利用乔灌木、绿篱等围合场地、划分空间、营造自然屏障，或引导视线于景观焦点。周边植物以自然形式进行围合，利用灌木修剪成各种图案来分割空间。（如图1-24、1-25、1-26）

图1-24 混合式植物配置示例一

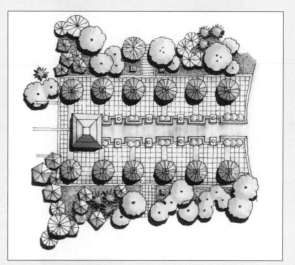

图1-25 混合式植物配置示例二

图1-26 混合式植物配置示例三

1.3 植物种植设计方法

通过植物来创建生动有序、层次丰富的室外空间。在景观中，植物是有生命的元素，在选择和安置上需要特别注意植物的形态特征（尺寸、形态、叶色、叶形、花色、叶子质地、果实和颜色）产生的效果和植物的生长习性（光照、通风、降雨量、土壤特性）对栽种环境的各项要求。

1.3.1 植物的造景手法

1. 创造空间

用植物创造景观空间时，最好先植入树，因为它们的尺寸和数量可以在空间构成上建立整体框架。在设计中，树应用来创建垂直的"墙"，用叶子作为"天花"。在设计中，当树布置完了之后，可以植入小植被补充树的空间组织。

通过种树来限定空间的垂直面，共有两种方法。

第一，用树干限定空间的边界，尤其是大量或成排种植时。树干起到建筑中柱子的作用，微妙地从一个空间中分离出另一个空间。树干仅仅暗示空间边界，因为视线是通透的。要创造完全的围合空间，应该将小乔木和灌木同树干组合运用。

第二，是通过它们的叶子在垂直面上创造空间，并且能够实现两个不同层次的空间围合。大树提供树叶墙，限定外部空间的上部界面，而小树在视线高度上用来创造围合空间的矮墙。设计师可以利用这两个面去创造丰富的空间围合效果。对于视野需要开敞的地方，大树下形成的室外场所是最好的，而小树对于形成视线需要遮挡的场所是适合的。

在用树创造室外空间的垂直围合时，设计师应决定是采取全年围合还是季节围合。常绿树用来形成全年围合，而落叶树围合空间只能用在一年的晚春、夏季和早秋的月份中。

利用乔木还可以构筑室外空间的"天花"面(顶棚)，植物构筑的顶棚能够暗示外部空间的大小，其所投下的阴影会令人感到十分舒爽。这样的空间可以作为人们休息、放松的景观区域。而树木的空间间距、树冠的冠幅、树木分枝点的高度不是一成不变的，其变化会影响空间的顶面围合程度。

用树限定的空间，应根据设计主题和地面坡度来协调树的位置。树的位置应有助于与地平面上的线和形式在三维上相呼应，以此加强形式构成的形状。设计中，树木不应不加区分地分散开，而应聚到一起，以它们的树干和叶子来强调基地的平面模式。若是表达一个对称的设计主题，则树应与轴线对齐，而若是在曲线形主题中，则要布置成流线型。

外部空间可以用其他植被来建立。2m或更高的灌木形成比乔木要低的围合空间，高灌木可以依靠自身创造空间也可和乔木组合，高灌木的功能类似顶棚之下的墙体。

0.3m-1m高的矮灌木也可用来作为外部空间的限定。与矮墙相似，限定了空间边界，但不阻碍视线的通透，不会影响人们欣赏外围的景色，给人隔而不断的空间感受。并且部分围合常常在完全围合（封闭的视野）与完全开敞（全方位开阔的视野）之间起到良好的平衡作用。

2. 屏蔽和框景

在景观设计中，植被的另一个建筑用途是屏蔽和框景。与其他设计元素相比，植被在屏蔽和框景上有几个优点和缺点，与陡坡相比，植被占用极少的空间，提供更高的高度，因此，在一个小的景观场景里，植被屏蔽视野通常要好于斜坡。然而，植被要比栅栏和墙占用更多的空间。植被需要时间去达到成年时的高度，如果是落叶树，在一年里随着季节改变它们的疏密程度也会改变。植物还需要适当的生长条件，另一方面，围墙和栅栏的屏蔽和分隔作用更持久稳定。

3. 提供视觉中心

当准备功能图解时，设计者应该已经确定了设计构成的视觉焦点或重点位置。初步设计阶段，由于植被的尺寸和形状与周围环境形成对比，许多这样的视觉焦点得以建立起来。

（1）尺寸

那些较大的尤其在尺寸上比周围植被高的植物将成为视觉的重点。当树与其他植物相比是最大的元素时，它们将作为主要的植物。当它们独自位于开阔的草坪区域内时也是如此。当高灌木或装饰树在周围植物群中较高大时，也会成为重点。在选用以上这些做法时，要小心地控制植物的高度，不要选择相对其周围环境过高的植物。植物控制了周围的环境就会使设计的其他元素看起来过小。

（2）形态

与周围形态不同的植物通常被作为重点。例如那些在形态上是柱形的、锥形的或别致的植物最易成为焦点。

装饰植物因其规格和形态特点而成为设计的重点。装饰树是指终年拥有迷人造型、色彩和质感的中小型乔木（树高及伸展宽度3m~4.5m），如：海棠花、山茱萸、山楂树和桂花树等。

通常，装饰树最好被放在种植区的主要节点上或转角处，因为这些区域从不同地点或轴线来端都能被望见。在初步设计阶段，应协调好这些区域的形状（形式构成）和主体植物与植树点（空间构成）之间的关系。室外空间的组织和形状必须能够衬托与突出重点植物。

4. 控制侵蚀

植被可用于陡坡或土壤松软地区以减小侵蚀。种植地被植物、根系发达的植物是极有价值的，因为它们的根系可以起到固定土壤的作用。覆盖的叶子可以保护斜坡，避免因地面震动引起的滑坡和风引起的风蚀，植被可用于松软的土壤或坡度为2:1或50%的斜坡上，当坡度超过这个限度，植物对防止坡地侵蚀的作用会很有限。

5. 引导流向

在住宅基地中，植被可以同墙一样去引导行人和车辆的移动方向。车行道与入口门廊之间的步行道沿线种植了低矮的植物，游人可穿行其中，同时强化了运动的方向。沿着车行路种树，保证车辆在车行路面上，但是植被不应挤占车行道的空间，以避免妨碍车门的开启或者在北方地区影响积雪的清除。

6. 屏蔽强光

植物能减小和屏蔽来自反射面的强光：一个方法是遮蔽诸如车或水等形成的反射面。当太阳不能直接照射反射面时，强光就被减弱。当植被置于反射面和观察者之间时，强光也能被屏蔽。一个可行的应用就是在游泳池或大片窗玻璃与室外休息空间之间放置中低高度的灌木树篱。

1.3.2 种植设计表现原则及其过程

1. 种植设计表现原则

（1）乔木的群植原则

在种植设计图中，多数植物应按其成龄或接近成龄时的规格绘制到平面上。而大乔木可以按成年尺寸的50%或100%绘制，因为它们达到完全成熟需要很多年。这就需要设计师熟悉植物和它们的尺寸。如果遵循这个原则，植入的未长成的树苗，起初看来稀疏且不规则，因为一群

之中的个体之间有差别。然而，随树龄的增长，植物可以填补这些稀疏处，并形成组团。当给客户提供计划时，有必要说明计划中描绘的效果需要几年或更久才能实现。

（2）灌木的组团原则

在初步设计中，通常会画出灌木组团，并没有将团体中的个体植物区分开，但是在后来的总平面图中，植物组团中每一部分都必须清晰地画出。功能图解中的画法是最为概括的，总平面是最详细的，初步设计的细节处于两者之间。

（3）树种的搭配原则

究竟选多少个树种没有绝对的规定，种类太多显得杂乱，少了又缺少丰富性及层次感。因此，这个判断只能基于感觉、对好设计的鉴赏力以及经验。树种的选择，目的就是要实现落叶树、针叶常绿树和阔叶常绿树的平衡，尤其对于冬季落叶的气候带更为重要。有太多落叶植物的冬季景观因缺少常绿植物会显得过于单薄、通透；而在气候条件相似的地区，常绿树过多的冬季景观，看起来有阴郁的感觉，不能成为令人舒心的景观。而最理想的状态就是各类植物达到适当平衡并创造一个成功的冬季景观。

2. 种植设计表现过程

在组织和选择植物时，设计者应该以类似于基地总体规划的程序进行设计。就是说，设计者应从概念开始，然后加入一系列精心安排的细节。

第一步应建立植被设计的框架。这个阶段，主要是决定主体植物的位置，例如遮阴树，成组屏蔽和重点强调的树。这些元素构筑了室外空间的主要"墙体""天花"，还有观赏点。

第二步是在第一步之后继续研究和绘制植物尺寸。先考虑主体植物，并把它的实际尺寸按比例标在图上，接着，把小尺度的灌木画成"泡泡图"来代表小灌木组团。这些植物的高度在这个时期也被确定和绘出，这些小灌木通常用来连接主要的植被并为之提供一个高低错落的背景。另外，设计师通常把高大植物放在背景区，把较小的植物放在前景区。这样，设计师就建立了植物设计的骨骼框架。

第三步应该研究与植物相关的叶子颜色和质地。这可以通过在刚才的图中加线或颜色来表示，目的是要创造一个拥有不同颜色、不同质感而且生机盎然的植物景观。深绿色叶子的植物通常用作背景或者作为较轻一些或开敞一些的落叶树之下的视觉终点，浅色叶子的植物最好用作前景或与深色植物使之形成对比。粗糙质感的植物常被用作

重点，此时，光滑质感的植物用作对比。当完成这步之后设计者已经限定了设计中所有植被的视觉特性（尺寸、颜色和质感），并且让它们恰当地与整个主题相融。应该指出特定的树种名字无须绘出，只需标出植物的特性。

第四步是在初步设计基础上完成植物的绘制。所有的主体植物，如乔木，可以用单个的图例表示，也可以用单体形成的组团来表示，而灌木则用大的组团表示即可，不用区分单体。应尝试使用表示植物视觉特征的图例，例如深色叶子的植物应该画上深色，而粗糙质地的植物应绘出粗糙的轮廓线。然而，好的图示技巧之所以盛行，是因为它把植物的主要特征而不是所有特征表示出来了。而这也正是初步设计的特点，比如植物的名称还没有确定等。这一切都要等到最终的总平面阶段再敲定。

1.4 植物的表现技法

自然界中植物千姿百态，各具特色。表现植物的线条要自然、多变，在刻画它们之前，要了解其结构、形态等特征。由于植物的种类繁多，形态特征也各不相同，所以

在表现上要对线条加以概括和总结。

1.4.1 植物平面表现

1. 单体树

以树干为圆心，以树冠边缘为圆周，可以根据真实树的自身特点来用不同线型表现边缘，不同形状的平面表示不同的树种，也可以是同一平面用不同颜色来区分不同的树种。（如图1-27）

2. 植物的丛植组合

树种的冠幅从小到大是逐年增大的，而图面上植物丛植搭配的冠幅是以成年树冠来计算的。一般大乔木以5～10m、孤立树以10～15m、小乔木以3～7m为准则。因树种不同，可用单体树平面中的不同图案来表示不同的树种，如针叶树、常绿树、落叶树、椰子类、竹类等图例。为了准确清楚地表现树丛，可用大乔木覆盖小乔木，乔木覆盖灌木的形式表现。但有时为了表现大树下的小树、灌木及景观小品，也可把大乔木只画外轮廓并标出树干的位置，然后将树下的景观画出。（如图1-28）

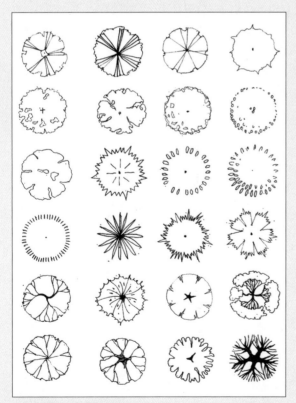

图1-27 单体树平面图表现

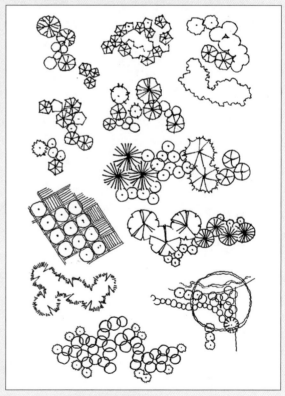

图1-28 植物的丛植组合平面图表现

3. 绿篱

修剪的绿篱边缘较为整齐，按照绿篱在设计中所呈现的造型画出绿篱边缘，内部可留白、可画出暗部叶片或填充简洁的线条。（如图1-29）

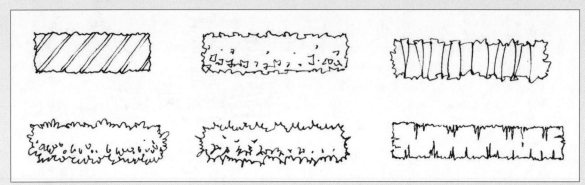

图1-29 绿篱的平面图表现

4. 群植或成片种植

选用符合植物形态特征的线条画出群植树所形成的边缘，内部可点缀些树与树之间形成的缝隙，也可用同样大小的单体树自然连续的相交在一起来表现。（如图1-30）

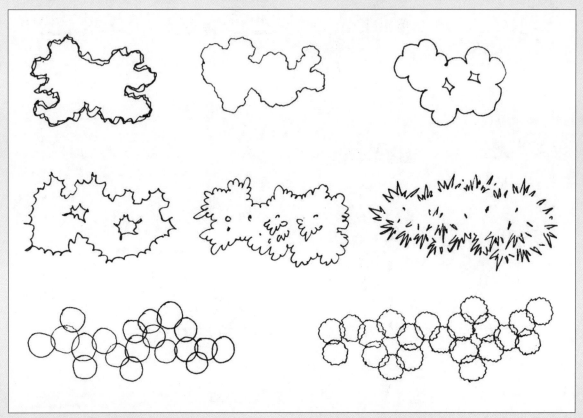

图1-30 群植或成片种植的平面图表现

1.4.2 植物立体表现

1. 单体树

　　在画植物之前要考虑用哪种线形来表现，是"n"形线、"u""v"形线还是"8"字形线，这就要根据植物的树形、叶形等特征来选择。如棕榈树和松柏类植物就用"v"形线，因为它们的叶子特征是尖的；再比如小叶榕就用"n"形线，因为它的叶子圆的；再比如银杏的叶子扇形，而整体看上去较为凌乱琐碎，那就可以选用"8"字形线。而每种线形由于笔触的大小和疏密等关系，又可以使线形有不同的变化，对植物既可以概括刻画，又可以详细刻画，这些需要熟练掌握线形之后才能运用自如。

图1-32　雪松的刻画

图1-31　棕榈树的刻画

图1-33　小叶榕的刻画

图1-34　尖叶子植物的刻画（从左至右依次为大王椰、夹竹桃、竹子、柏树、南天竹）

图1-35　碎小叶子植物的刻画（从左至右依次为银杏树、桂花树、鸡爪槭、龙爪槐）

图1-36　用竖向线条刻画的植物（从左至右依次为垂柳、柏树）

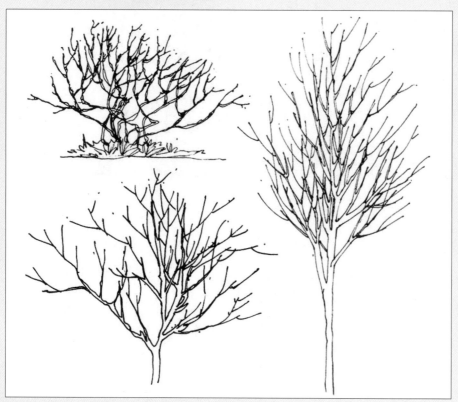

图1-37　树枝的刻画，枝条保持流畅，没有必要画得笔直，用些弯曲的线和略带弧度的线相互交错，更能体现出植物的自然生命力

2. 绿篱和灌木球

表现绿篱首先从体态形象着手，用不同的线条来表现它的外轮廓线，再用能表达出植物特性的线来画出暗部，增加密度，画出体积感。

表现灌木球就像画一个球体一样，它的明暗关系和球体的刻画方法是同样的道理，球体的虚实可以通过黑白灰的变化来表现，而植物也是一样，只不过是用线条的疏密关系来进行黑白灰的过渡。

图1-38 绿篱和灌木球的刻画

1.4.3 植物组合表现

在同一场景中，植物有大小高低之分，除了区分植物的品种以外，还要注意植物的比例关系、远近虚实等因素。注意高中低植物层次的处理，明暗刻画更容易让它们分清上下关系，空间前后的虚实线条变化尤为重要。在塑造时每一个植物需要有自己的个性，表现它们的时候需要合适的"语言"。

图1-39 绿篱的组合表现示例一

图1-40 绿篱的组合表现示例二

图1-41　小乔木与灌木的组合表现

图1-42　棕榈植物与灌木的组合表现示例五

图1-43　落叶树与常绿树的组合表现

水体造型设计与表现

景观设计大体将水体分为静态水设计和动态水设计。自然式水体景观多为湖泊、江河、瀑布等。静态水以表现水面的平静和水中的倒影为主，动态水除了自然界中的江河、瀑布以外，多为人工美化的水体，如人工景观中的喷泉、叠水、瀑布等，以表现水流动的方向、形态和溅出的水花为主。

2.1 水体的类型

园林水体的景观形式是丰富多彩的。明袁中郎谓："水突然而趋，忽然而折，天回云昏，顷刻不知其千里，细则为罗縠，旋则为虎眼，注则为天绅，立则为岳玉；矫而为龙，喷而为雾，吸而为风，怒而为霆，疾徐舒蹙，奔跃万状。"可见水体的形式多样，动感且富于变化。

2.1.1 按水体景观存在的四种形态划分水体景观

1. 水体因压力而向上喷，形成各种各样的喷泉、涌泉、喷雾等称"喷水"。
2. 水体因重力而下跌，高程突变，形成各种各样的瀑布、水帘等称"跌水"。
3. 水体因重力而流动，形成各种各样溪流，旋涡等称"流水"。
4. 水面自然，不受重力及压力影响，称"池水"。

2.1.2 各类型水体景观形态的分类

1. 喷水景观分类

（1）水池喷水：这是最常见的形式。设计水池，安装喷头、灯光等设备。停喷时，是一个静水池。（如图2-1）

图2-1

（2）旱池喷水：喷头等隐于地下，适用于让人参与的地方，如广场、游乐场。停喷时是场中一块微凹地坪。上海人民广场和普陀长寿路绿地"水钢琴"是典型的例子。（如图2-2）

图2-2

（3）雕塑喷水：喷头于山石、雕塑隐秘之处，营造有趣味性的喷水景观。美国迪斯尼乐园有座间歇喷泉，由A点定时喷一串水珠至B点，再由B点喷一串水珠至C点，如此不断循环跳跃下去周而复始。（如图2-3）

图2-3

2. 跌水景观分类

（1）瀑布：按水的立面形式分为线状、点状、帘状、片状、散落状瀑布；按落水方式分为直落、飞落、滑落式瀑布。（如图2-4）

图2-4

（2）叠水：水帘、洒落、涌流、壁流、阶梯式、错落式。（如图2-5）

3. 流水景观分类

（1）小溪：状狭长，带状，曲折流动，水面有宽窄变化。溪中可有河心滩、三角洲、河漫滩，岸边和水中有岩石、汀步、桥等。岸边有若即若离的自由小路。可利用河床的凹凸不平，高低起伏来创造流水急缓的变化形态。（如图2-6）

图2-5

图2-6

（2）河流：河流比小溪河道要宽，大致分为顺直型、弯曲型、分汊型、辫状型、网状型。（如图2-7）

图2-7

4. 池水景观分类

（1）规则式水池

规则式水池的特性：水池的池缘线条坚硬分明，形状规则，多为几何形，给人以特定的图案感，通常与周围的铺地密切相关。（如图2-8）

图2-8

（2）自然式水池

自然式水池的特性：自然式水池的池缘线强调自由曲线式的变化，由泥土、石头或植物收边，形状不规则，有一种随意轻松而富于变化的感觉。（如图2-9）

图2-9

2.2 水体的设计方法

水体的设计方法大致分为规则式水体设计、自然式水体设计和混合式水体设计。规则式水体的边缘多为几何式，比较整齐规矩；自然式水体设计多为模仿自然界中水体的形态，边缘呈自然曲线形。

2.2.1 规则式水体设计

规则式水池的设计要点：水池面积与周围环境空间面积要有适当的比例，给人以合适的空间张力；较浅的水池池底可用图案或特别材料式样来增加视觉效果；水池的四周可为人工铺装地坪，或独具创意的构筑物；水池水面可高于地面，亦可低于地面。应根据环境的需求进行合理的选择。

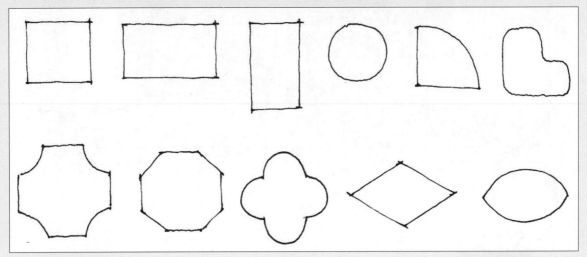

图2-10 规则式水体形态设计

图2-11 规则式水体设计效果图

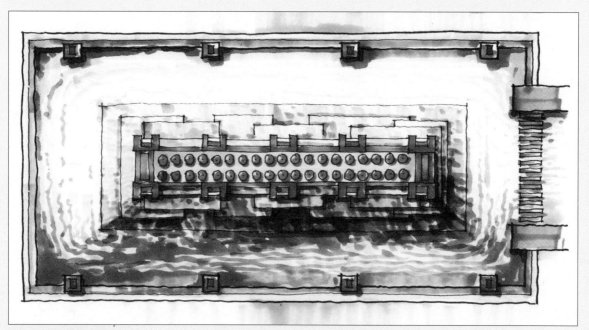

图2-12 规则式水体设计平面图

图2-13 规则式水体设计效果图

2.2.2 自然式水体设计

自然式水池的设计要点：水池的形状与大小由所处的地势和周围环境来决定的，设计灵感多来自大自然，强调一种天然的景观效果，池岸的构筑、植物的配置以及其他附属景物的运用，均需非常自然，最忌僵化死板。

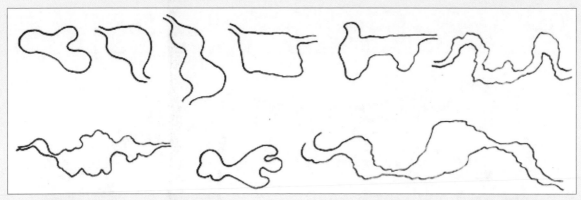

图2-14　自然式水体形态设计

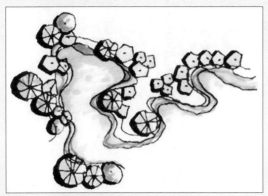

图2-15　自然式溪流设计示例一

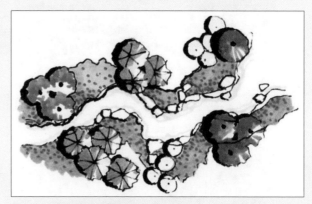

图2-16　自然式溪流设计示例二

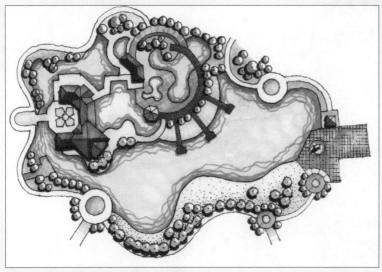

图2-17　自然式水池设计

2.2.3 混合式水体设计

　　混合式水体是指规则式和自然式相结合的水体形式，也是比较多的应用于园林景观当中，混合式水体并不排斥方形、矩形、圆形或其他几何形体，同样，也不排斥自然式的各种形体。多数时候是把二者巧妙地结合起来，使之成为一个有机的整体，具有比规则式水体自由灵活、富于变化，又较自然式水体易于和建筑环境充分融合等优点。（如图2-18）

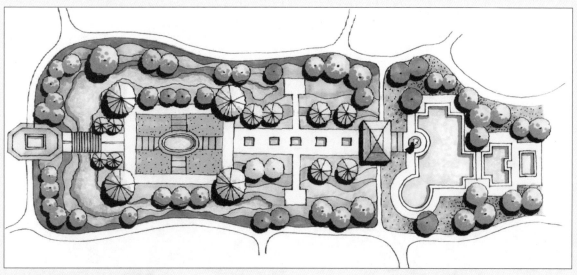

图2-18　平坦地形用规则式，起伏地形用自然式

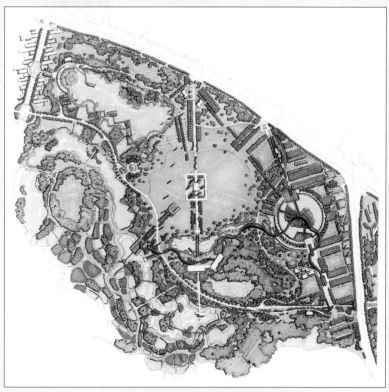

图2-19　轴线上用规则式，周边用自然式

2.3 水体的表现技法

水体设计是景观环境设计中的灵魂。水的设计有静有动，静水在刻画的时候注意周边环境的倒影；刻画涌水的时候要注意刻画它的体积感，如喷泉；跌水经常和山石、台阶等组合在一起，自然流淌，溅起白色的水花，液态的形体与山石、铺装的硬朗形成强有力的对比关系。

2.3.1 平面图表现

水体的平面图表现分为两种，一种是静水的表现，一种是动水的表现。静水的表现画出水纹即可，用直线、虚线或波浪线都可以，在表现时注意虚实关系，不能画得太满；动水的表现如溪流、叠水、喷泉等，需要画出水流的动势，像喷泉这种溅出水花的水体要画出水花溅出的轮廓，可用点状线或小短线来表示。（如图2-20、2-21、2-22）

图2-20 流动的水体平面的表现

图2-21 带喷泉的水池平面表现

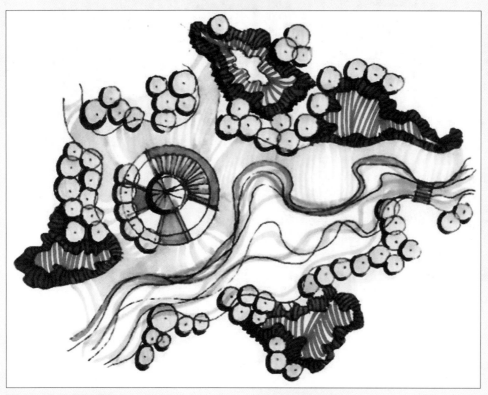

图2-22 自然式水体平面表现

2.3.2 剖面图表现

水体剖面图一般根据平面图的比例和风格来表现。首先要在平面图中画上剖切符号，表现为同一条直线上的两个"L"形符号，"L"的底边表示剖切线的位置，另一条边表示剖切后的视线方向。水体一般都低于地面，所以剖开之后要把地面以下的部分画出并标明标高来表达水的深度。地面以下用负号表示，高度以"米"为单位。如"-0.5"表示地面以下的水深0.5m。（如图2-23、2-24、2-25）

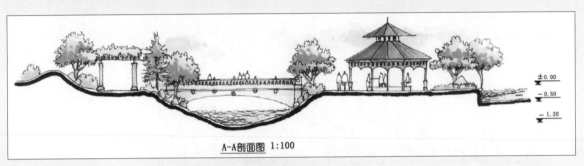

图2-23 剖面图表现示例一

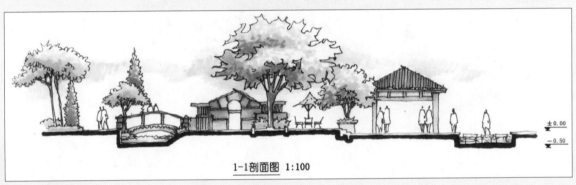

图2-24 剖面图表现示例二

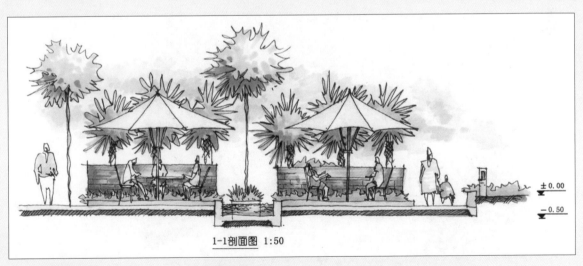

图2-25 剖面图表现示例三

2.3.3 效果图表现

静态水体效果图的表现要画出水中的倒影，靠水池边缘的地方和近处多画线条，远处则逐渐省略构成虚实变化；流动的水体效果要按照近大远小的透视关系画出水体的动态，有阴影或倒影的地方多画线两边逐渐省略，留白突出高光；喷泉和瀑布会有水花溅落，因此在绘画时要注意用碎小的线条表现，上色时用涂改液点上高光和飞溅的水花效果会更好。（如图2-26、2-27）

图2-26 静态水体效果表现

图2-27 流动水体效果表现

图2-28 喷泉效果图表现

图2-29 跌水效果图表现

铺装配置设计与表现

　　园林的路面铺装很重要，材料的选择很关键，好的材料会给人们提供一种享受，所以在路面的铺装设计上要充分考虑材料的质感的同时，根据空间的不同选择质感不同的材料，给人们视觉和触感上提供不同的视觉感受和心理感受度，满足人们休闲的需求。

3.1 铺装的种类与组合

　　由于景观的铺装种类繁多，我们能掌握常用的路面铺装材料即可。组合铺装即不同的铺装类型及图案进行几何式或图案式排列的整体效果，这就要看铺装材料是三角形的还是方形的，是六角形的还是长方形的，或者是不规则形体，这些因素决定着组合铺装的整体效果。

3.1.1 铺装材料的名称及特性

　　用于景观设计中的铺装材料根据他们的物质特性可分

为疏松材料、块状材料、黏体或流体材料。下面就常用铺装材料的具体名称及特性加以概述。

1. 花岗岩

　　是一种岩浆在地表以下凝固形成的火成岩，主要成分是长石和石英。因为花岗岩是深成岩，常能形成发育良好、肉眼可辨的矿物颗粒，因而得名。

　　优点：花岗岩颜色美观，样式繁多，外观色泽可保持百年以上，硬度高、耐磨损、质地坚硬，不易被酸碱或风化作用侵蚀。（如图3-1）

图3-1

2. 大理石

又称云石，是重结晶的石灰岩，白色大理石一般称为汉白玉。大理石主要用于加工成各种形材、板材，做建筑物的墙面、地面、台、柱，还常用于纪念性建筑物如碑、塔、雕像等的材料。

优点：不变形、硬度高、耐磨性强，温度变形小、在常温下也能保持其原有物理性能、不磁化、使用寿命长、不必涂油、不易粘微尘、维护，保养方便简单、不会出现划痕。

缺点：容易风化和溶蚀，而使表面很快失去光泽，大理石一般性质比较软，这是相对于花岗石而言的，由于价格昂贵，所以普通的室外环境一般不用。（如图3-2）

图3-2

3. 砂岩板

砂岩是一种无光污染，无辐射的优质天然石材，对人体无放射性伤害。防水、防火、防潮、防滑、吸音、吸光、无味、无辐射、不褪色、冬暖夏凉、温馨典雅；与木材相比，不开裂、不变形、不腐烂、不褪色。具有各种不同的艺术风格。

缺点：砂岩质地不像花岗岩那么硬，因此在景观道路的应用上不宜做车行路，适合做人行路。（如图3-3）

图3-3

4. 青石板

一种非金属矿产品，又称"绿石板"，地质学名"磨石瓦板岩"。

优点：青石板质地密实，密度不同，硬度也不同。强度中等，易于加工、纯天然无污染无辐射、质地优良、经久耐用、物美价廉，高密度的可用作车流量不大、小型车的车行道路面。

缺点：材质软、密度低、不耐压、易风化。（如图3-4）

图3-4

5. 广场砖

属于耐磨砖的一种，主要用于休闲广场、市政工程、园林绿化、屋顶美观、花园阳台、商场超市、学校医院。其砖体色彩简单，砖面体积小，多采用凹凸面的形式。具有防滑、耐磨、修补方便的特点。

优点：颜色多样，具有吸水、耐磨、防滑、修补方便的特点。

缺点：不耐压，可用于车流量不多、车型较小的路面和广场。（如图3-5）

图3-5

6. 植草砖

是混凝土地面砖，花样镂空，镂空处植入草根或草籽。

优点：高承载力、耐久、耐磨、耐腐蚀、施工简便快捷、维护方便、防滑、不积水、环保、美观。

适合停车场和人流量大的地面铺装。

缺点：不能用于常用道路铺装，较其他地面材质不够美观。（如图3-6）

图3-6

7. 橡胶和塑胶

橡胶地砖由两层不同密度的材料构成，彩色面层采用细胶粉或细胶丝并经过特殊工艺着色，底层则采用粗胶粉或胶粒、胶丝制成。还有一种是橡胶颗粒，该产品克服了各种硬质地面和地砖的缺点，能让使用者在行走和活动时始终处于安全舒适的生理和心理状态，脚感舒适，身心放松。塑胶的色彩和效果与橡胶类似，但塑胶弹性不如橡

胶，也不如橡胶环保，但价格便宜。设计时可根据使用功能、使用频率和经济条件等因素来考虑该用哪一种。

优点：防滑，减震，耐磨，抗静电，不反光，疏水性、耐候性好，抗老化，寿命长。

缺点：不耐高温，易老化。（如图3-7）

图3-7

8. 彩色压坪

由瓷砖演化而来，实质上是上釉的瓷质砖。

优点：强度高、耐磨、防水、防滑、透气性、吸水性、抗氧化、耐腐蚀、净化空气的特性。能够体现岁月的沧桑，历史的厚重，仿古砖通过样式、颜色、图案，营造出怀旧的氛围。外观上具有素雅、沉稳、古朴、自然、宁静的美感。

缺点：不耐压，只能用于步行道。（如果3-8）

图3-8

9. 青砖

选用天然的黏土精制而成，烧制后的产品呈青黑色。

优点：具有密度高，抗冻性好，不变形，不变色的特点。透气性极强、吸水性好，保持空气湿度，耐磨损，万年不腐，可塑性强、空间体现完美、承传精粹、超越传统。

缺点：色彩单一（如图3-9）

图3-9

10. 鹅卵石

　　是一种纯天然的石材，取自经历过千万年前的地壳运动后由古老河床隆起产生的砂石山中，经历过山洪冲击、流水搬运过程中不断的挤压、摩擦所形成。在数万年沧桑演变过程中，它们饱经浪打水冲的运动，失去了不规则的棱角。

　　优点：无毒、无味、不脱色。品质坚硬，色泽鲜明古朴，具有抗压、耐磨耐腐蚀的天然石材特性。

　　缺点：拼花施工较为复杂。（如图3-10）

图3-10

11. 水洗石

　　是指水泥及骨料的混合物，抹平整块等它干后，用水洗掉骨料表面的水泥，露出骨料表面。骨料有多种色彩的细石子。水洗石路面色彩美观、花样繁多，具有良好的透水性，使得雨水自然回归，滋润万物，靓丽的外观，始终如雨水冲洗过后一样清新，因而得名"水洗石"。

　　优点：水洗石具有密度大、硬度高、耐磨、不生尘、不易剥落等物理性能和实特点。具有良好的透水、防滑、降噪、装饰、耐久、环保等性能。

　　缺点：冲洗骨料表面的水泥比较耗时。（如图3-11）

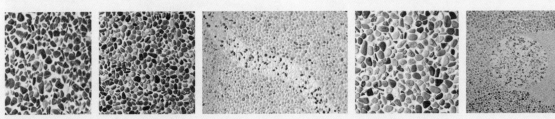

图3-11

12. 混凝土

是由胶凝材料、颗粒状集料（也称为骨料）、水以及必要时加入的添加剂和掺和料按一定比例配制，经均匀搅拌，密实成型的一种硬化的人工石材。

优点：原料丰富、价格低廉、生产工艺简单、抗压强度高、耐久性好、强度等级范围宽。

缺点：色彩和样式较单一，不够美观。（如图3-12）

图3-12

13. 防腐木

是将木材经过特殊防腐处理后，具有防腐烂、防白蚁、防真菌的功效。专门用于户外环境的露天木地板，并且可以直接用于与水体、土壤接触的环境中，是户外木地板、园林景观地板、户外木质平台、露台地板、户外木栈道及其他室外防腐木凉棚的首选材料。

优点：自然、环保、安全、防腐、防霉、防蛀、防白蚁侵袭、易于涂料及着色，易于各种的园艺景观精品的防腐木制作。 防腐木接触潮湿土壤或亲水效果尤为显著，满足户外各种气候环境中使用15-50年以上不变。

缺点：价格比较昂贵。（如图3-13）

图3-13

14. 塑木

顾名思义，就是实木与塑料的结合体，利用木屑、稻草、废塑料等废弃物合成的一种材料。应用于装修、建筑、园林景观等领域。

优点：它既保持了实木地板的亲和性，又具有良好的防潮耐水，耐酸碱，抑真菌，抗静电，防虫蛀等性能，是低碳、绿色、可循环可再生的生态塑木材料。

缺点：不耐风化。（如图3-14）

图3-14

3.1.2 铺装的组合

1. 同一种材料平铺形成的铺装

这种情况中，材料的大小、颜色或方向都丝毫不变地均匀地布满整个区域。（如图3-15）

图3-15

2. 同一种材料被有组织地形成某种图案的铺装

这种情况，可以利用材料的大小、颜色或方向来变化基地中的图案。（如图3-16）

图3-16

3. 两种或两种以上材料相结合形成的铺装

这种情况，每一种材料的不同大小、颜色和肌理，形成了明确限定的几何形图案和造型图案。（如图3-17）

图3-17

3.2 铺装的设计方法

铺装景观（包括路面、人行道、广场、巨型建筑地坪、园林道路、岸线道路等）能够表现城市公共空间的底界面的个性与生命，在设计上除了考虑美观以外，还要考虑提高城市公共空间的环境质量，满足人们对城市生活日益增长的实用要求。

3.2.1 铺装的设计形式

1. 矩形主题

适用于矩形设计主题的材料图案应该以正方形或矩形的几何形为基础。在方形或矩形区域中创造一个图案要注意每种图案的比例关系，一般以1/2、1/3、1/4为常见。通过形体的相互穿插交错，形成不同的铺装组合。（如图3-18、3-19、3-20、3-21）

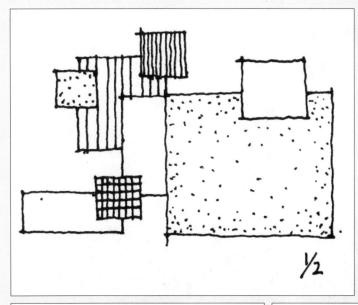

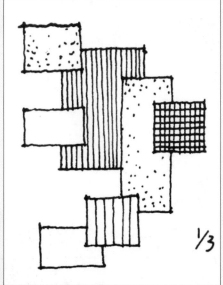

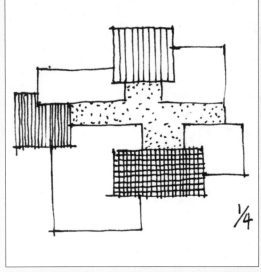

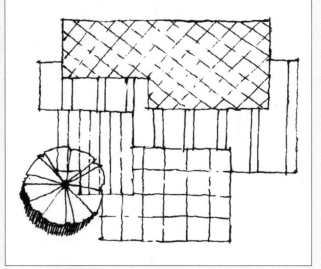

图3-18 矩形主题铺装设计中各种铺装的比例关系

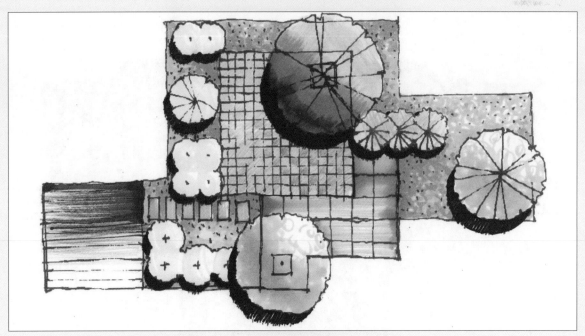

图3-19 矩形主题铺装设计中各种铺装的比例关系

图3-20 相似的地形做了不同的矩形主题铺装设计示例一

图3-21　相似的地形做了不同的矩形主题铺装设计示例三

2. 斜线主题

斜线主题的材料图案也可采用与矩形主题一样的方法得到。仅有的区别就是，扭转了一个接近斜45°的角度，可以是矩形，也可以是多边形。（如图3-22、3-23、3-24、3-25）

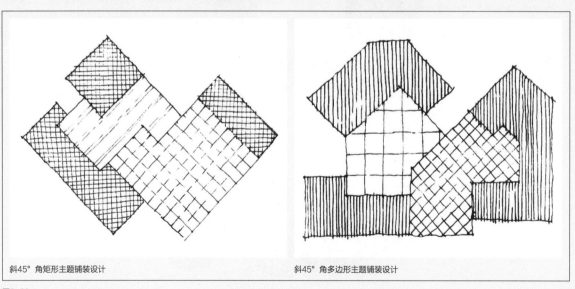

斜45°角矩形主题铺装设计　　　　　　斜45°角多边形主题铺装设计

图3-22

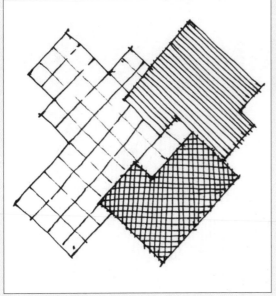

图3-23 铺装的互相穿插

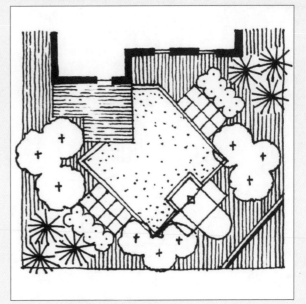

图3-24 斜线主题铺装在小景观中的应用

图3-25 斜线主题铺装在小景观中的穿插应用

3. 圆形主题设计

圆形铺地区域内的图案应该以圆形内部的几何形为基础。一种方法是利用圆的半径将圆细分来形成图案，最好先以规律间隔的半径画出辅助线，再利用这些辅助线形成多种不同的图案，为了避免在中心处出现锐角，建议在中心画一个小圆。第二种方法是运用不同直径的同心圆在圆铺地区域内形成图案。最后一种生成图案的办法是将半径和同心圆都用上。（如图3-26、3-27、3-28、3-29）

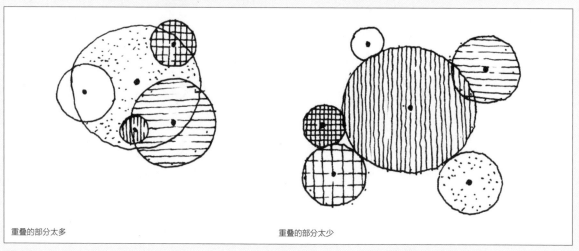

重叠的部分太多　　　　　　　　　　　　　　重叠的部分太少

图3-26

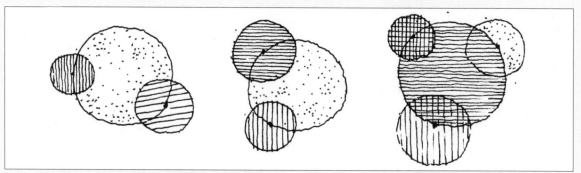

图3-27　每个圆的圆周应该经过或靠近与之叠加的圆的圆心

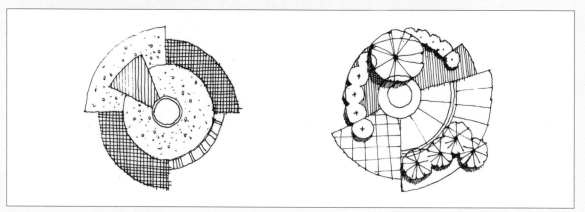

图3-28　同心圆主题节点铺装设计

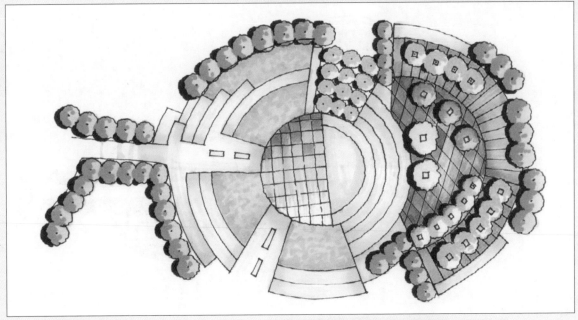

图3-29 同心圆主题景观轴铺装设计

4. 曲线形主题

　　曲线形主题通常是最难于生成材料图案的，但它也有三种基本方法。第一种方法是以曲线的各段圆弧为基础作各段圆弧的半径，并延长与曲线相交。第二种方法与第一种有些相似，利用这种方法，圆形就可以在曲线形的区域内定位了。从这些圆中引出半径至曲线形铺地外边，或是与邻近的圆的边线相交。最后一种方法用附加的曲线和形式将铺地区域细分。这些附加的曲线必须与铺地区域的外边界相交，并且交角均为接近90°，运用这种方法时应避免出现锐角。（如图3-30、3-31、3-32）

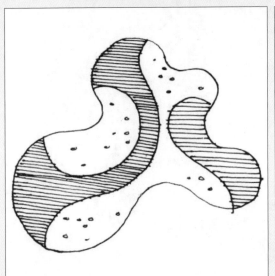

图3-30 曲线形主题元素设计形态

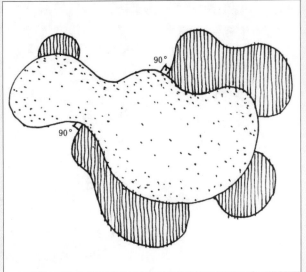

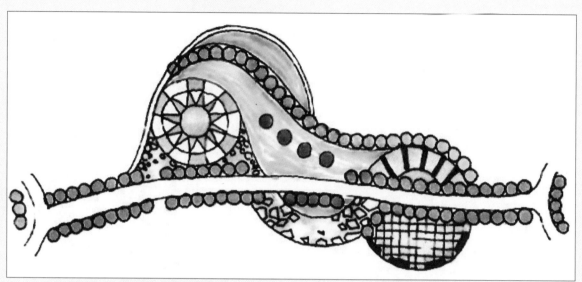

图3-31 曲线形主题铺装设计

图3-32 圆形与曲线形结合的主题铺装设计

5. 形式的组合

通常景观设计中不会只用一个主题进行设计，而是两到三种主题的结合，这就需要设计者把握好形体与形体之间的衔接与过渡，使整个铺装设计疏密有度，和谐统一。（如图3-33、3-34）

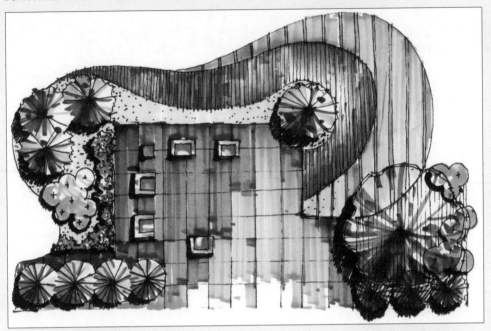

图3-33 组合式主题铺装设计示例一

图3-34 组合式主题铺装设计示例二

3.2.2 设计因素

1. 使用功能

材料的图案要与使用功能相吻合，首先要确定场地的使用功能。例如，几何图案暗示出秩序和结构，角状图案暗示一种活跃，而曲线形图案则暗含一种放松或是随意。

2. 周围环境

应该考虑材料图案与周围的建筑风格、景观环境相协调。例如，对于某些古老的建筑应参考当时建筑物特有的图案，使材料与建筑风格相协调。

3. 材料特性

每一种材料都有它自身的结构特性，颜色特性、大小和肌理特性。这些都会影响到对材料图案的选择。由于这些特性，使得同样的图案对不同的材料作用不同。针对上面部分提到的不同种类的材料，接下来，将就如何使材料图案符合材料的特性给出一些参考原则。

（1）地面杂石

通常基于自身的肌理和颜色在一块表面的区域上产生图案。在某些设计中，尤其是较为光滑和几何性更强的材料结合也能生成图案。

（2）板形石材

能被砍成多种大小和形状，其中的每个因素变化都能导致材料图案的变化。同其他材料一样，矩形的石板最适合用于矩形的图案中。有些图案整只使用一种标准大小的石板，而其他图案则使用很多种。对于后者，要尽量减小特殊接缝之间的距离。角状的或不规则的石板可以像地面杂石一样形成不规则的图案。不过与地面杂石相比，石板的表面更为光滑一些。

（3）河石和鹅卵石

由于尺寸较小，所以它们可以很容易形成各种大小和形状的图案。最常见的是，这类石头像沙砾一样均匀地填入整个铺地区域。但与沙砾又有不同的是，河石和鹅卵石通常用水泥砂浆固定，河石和鹅卵石也可以用于几何性很强或有丰富轮廓的图案。

（4）砖材

在许多园林景观项目中也使用得很广，由于对个别砖的切割会额外增加成本，所以，运用简单的铺装图案就显

得更为明智。由于砖是按标准模数生产的，所以它很容易用于矩形图案中。

砖还可用于同心圆图案或者由圆心引出的延长半径之中。对这些图案的限制要求是圆的半径必须足够大，以减少相邻两块砖之间的缝隙。太小的圆使得砖之间的接缝既不美观又不牢固。缩小接缝的方法之一就是在靠近圆心的地方，砖的长边与半径平行；而在远离圆心的地方，不管是长边还是短边，都可与半径平行。

其他瓷砖类以及混凝土块等在铺地上的应用也是类似的。再强调一点，应该尽可能减小对每块材料的切割。对于材料图案，木材也像其他块状材料一样受到一定的限制。但是因为木头很好加工，所以它的应用也更加灵活多样。

4. 视觉特性

除了要考虑周围环境和材料特性之外，景观设计在创造材料图案时也要考虑视觉特性。诸如材料图案表面的边缘、重点和对比等。许多成功的图案都在表面区域的外沿做了一圈边缘处理，这就像一个框似的，将图案在视觉上限定住，边缘可以用同一种也可以用不同的材料来处理。可以对它的大小、颜色或朝向稍做变化以将它与区域的其他部分区分开来。如果用的是不同的材料，因为其大小、颜色和肌理不同，所以会自然而然地形成边界。边缘的处理既可以很简单也可以很精细，对于墙和栅栏而言，顶部和底部的边缘应该有所区分，设计师可以用相同或不同的材料加以处理。

此外，材料图案还具有突出重点，引人注目的作用。设计者可以通过改变同种材料大小、颜色、纹理或排布方向得以实现，也可以利用不同种类的材料强调某一区域，有时改变图案形式也可以吸引人的注意力。

材料图案的设计也可采用对比手法。对比的产生可以通过使用一些与区域的其他部分迥然不同甚至截然相反的材料来实现。更换一种材料或更换材料的颜色是形成对比的有效方法。对比可用于强调重点或仅仅是为了营造视觉趣味。通常如果一种材料图案用得过多或在区域中占的面积过大的话就会显得很单调，对比能提供多样性和视觉兴奋点。

3.3 铺装的表现技法

大家可能会对材质的表现感到很头痛，因为我们都会认为在绘制材质的时候需要一笔一画的绘制才能充分表现材质的细节，其实这混淆了摄影和绘画的概念。抬头看一下你周围的景物，无论是近景还是远景，等你目不转睛地注视一个物体时，视野边界的景物会变得十分模糊。所以在表现铺装材质时要注意省略概括。

3.3.1 铺装的平面表现

铺装的平面表现要考虑到铺装的大小和比例，而铺装的样式要根据实际材质的形态加以概括提炼，用最简洁的笔法表现出来。要注意虚实关系的刻画，一般靠边缘的地方实画，中间的地方虚画，虚画的部分可以留白、可以断开、可以用点过渡等等，根据材质的本身特点来选择用哪种笔法来概括过渡。（如图3-35）

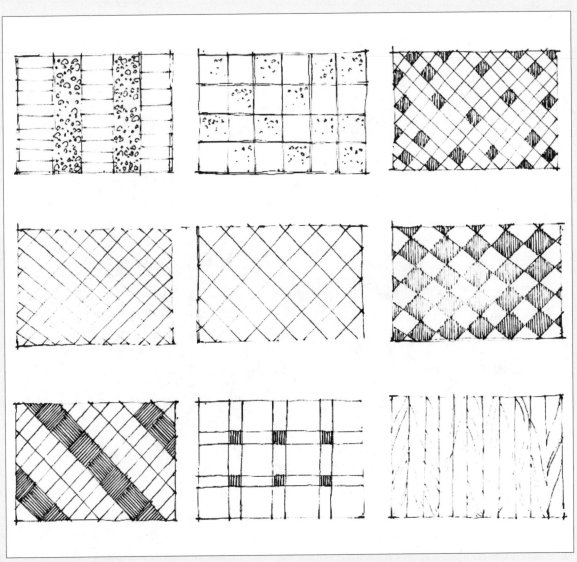

图3-35 铺装的形式及材质表现

3.3.2 铺装的透视表现

　　铺装在透视图中要体现出近大远小，近实远虚的关系。一条路上或一块空地上的铺装，虽然现实中是铺的满满的，但在表现上要有所概括和省略，不然画多了会显得堵，不通气。特别是画面的边缘更应该简化笔触过渡到纸的边缘，切忌画得太满。网格式铺装的透视不好掌握，需要认真参考每一条透视线来画，为了避免画错毁了整个画面，建议先用两到三个点把要画的铺装线的透视方向和位置点出来，如果认为透视正确，将点连成线。如果透视错误，可以继续调整点的位置，直到正确之后再连线。（如图3-36、3-37、3-38）

图3-36　铺装的透视表现示例一

图3-37 铺装的透视表现示例一

图3-38 铺装的透视表现示例三

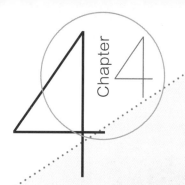

景观小品布置与表现

景观小品作为园林景观中的一部分，起着烘托、装饰空间的作用。在环境空间中给人们带来诸多使用的方便和视觉的美感，还明显地反映城市的生活方式和意识形态。在景观设计中，景观小品要与周围环境相协调，风格要一致。

4.1 景观小品的分类

景观小品是景观中的点睛之笔，一般体量较小、色彩单纯，对空间起点缀作用。小品既具有实用功能，又具有精神功能，具体包括亭、廊、棚架、景观墙、雕塑、座椅、电话亭、指示牌、灯具、垃圾箱、健身器械及游戏设施、建筑门窗装饰、景观桥等。

4.1.1 景观小品的名称及特性

1. 景观亭

供行人休息、乘凉或观景用。亭，一般为开敞性结构，没有围墙，顶部可分为六角、八角、圆形等多种形状，广泛应用于园林建筑之中。亭在园景中往往是个"亮点"，起到画龙点睛的作用。园中设亭关键在位置，一般多设在视线交接处。

（1）依据建造材料不同，分为木亭、石亭、砖亭、茅亭、竹亭、钢亭、钢筋混凝土亭等。（如图4-1、4-2）

图4-1

图4-2

（2）依风格不同，分为中式古典亭、欧式古典亭、泰式亭、现代亭、仿生亭等，不同风格的园林景观选择不同风格的亭子。（如图4-3、4-4）

图4-3

图4-4

2. 景观廊架

廊架是供游人休息、景观点缀之用的建筑体，与自然生态环境搭配非常和谐。既能满足园林绿化设施的使用功能又美化了环境，深得人们喜爱。形式和材料较为多样，主要材料有木材、竹材、石材、金属、钢筋混凝土等。

廊架以其自然逼真的表现，给广场、公园、小区增添浓厚的人文气息。廊架可应用于各种类型的园林绿地中，常设置在风景优美的地方供休息和点景的作用，也可以和亭、廊、水榭等结合，用格子垣攀缘藤本植物，在居住区绿地、儿童游戏场中廊架可供休息、遮阴、纳凉。（如图4-5、4-6）

图4-5

图4-6

3. 景观墙

　　景观墙是常见的园林小品，其形式不拘一格，功能因需而设，材料丰富多样。除了人们常见的园林中作障景、漏景以及背景的景观墙外，更是作为展示城市文化建设、民俗风情的重要方式之一。在园林景观设计中可以达到分隔与美化空间、展示文化内容等美学目的。如影壁墙、浮雕墙、镂空墙、手绘墙、标志墙等。（如图4-7、4-8）

图4-7

图4-8

4. 景观雕塑

雕塑是指用传统的雕塑手法，在石、木、泥、金属等材料上直接创作，反映历史、文化、思想、追求的艺术品。雕塑分为圆雕、浮雕和透雕三种基本形式，现代艺术中出现了四维雕塑、五维雕塑、声光雕塑、动态雕塑和软雕塑等。雕塑是"场地+材料+情感"的综合展示艺术。艺术家在特定的时空环境里，将日常生活中的物质文化实体进行选择、利用、改造、组合，以令其演绎出新的精神文化意蕴的艺术形态。（如图4-9）

图4-9

5. 景观座椅

座椅是景观环境中最常见的室外家具种类，为游人提供休息和交流场所。设计时，路边的座椅应退出路面一段距离，避开人流，形成休息的半开放空间。景观节点的座椅应设置在面对景色的位置，让游人休息的时候有景可观。座椅的形态有直线构成的，制作简单，造型简洁，给人一种稳定的平衡感。有纯曲线构成的，柔和丰满，流畅，婉转曲折，和谐生动，自然得体，从而取得变化多样的艺术效果。有直线和曲线组合构成的，有柔有刚，形神兼备，富有对比之变化，完美之结合，别有神韵。有仿生与模拟自然动物植物形态的座椅，与环境相互呼应，产生趣味性和生态美。（如图4-10）

图4-10

6. 指示牌

指示牌是指在特定的环境中设置能明确表示内容、性质、方向、原则及形象等功能的特定说明，主要以文字、图形、记号、符号、形态等构成的视觉图像组成，为景观环境提供游览路线和秩序。指示牌作为一种指导性的标识物，应该给人以醒目、美观的视觉冲击力。（如图4-11）

图4-11

7. 景观灯

也是景观环境中常用的室外家具，主要是为了方便游人夜行，点亮夜晚，渲染景观效果。灯具种类很多，分为路灯、草坪灯、水景灯以及各种装饰灯具和照明器。灯具选择与设计要功能齐备，光线舒适，造型具有美感并与周围气氛相协调。（如图4-12 4-13）

图4-12

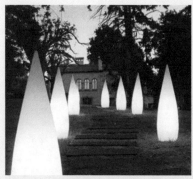

图4-13

8.垃圾箱

　　垃圾箱是环境中不可缺少的景观设施，是保护环境、清洁卫生的有效措施。垃圾箱的设计在功能上要注意区分垃圾类型，有效回收可利用垃圾；在形态上要注意与环境协调，并利于投放垃圾和防止气味外溢。（如图4-14）

图4-14

9. 健身及游戏设施

　　游戏设施一般为12岁以下的儿童所设置，需要家长陪同。在设计时注意考虑儿童身体和动作基本尺寸，以及结构和材料的安全保障，同时在游戏设施周围应设置家长的休息看管座椅。游戏设施较为多见的有：秋千、滑梯、沙场、爬杆、爬梯、绳具、转盘、跷跷板等。健身设施是锻炼身体各个部分的健身器械，健身设施一般为12岁以上儿童以及成年人所设置。在设计时要考虑成年人和儿童的不同身体和动作基本尺寸要求，考虑结构和材料的安全性。游戏设施和健身设施一般设置在院里主路段区域，环境优美、安全。（如图4-15）

图4-15

10. 景观门洞与窗洞

　　景观设计中的园墙、门洞、空窗、漏窗是作为游人向导、通行的景观设施，也是具有艺术小品的审美特点。园林意境的空间构思与创造，往往通过它们作为空间的分隔、穿插、渗透、陪衬来增加精神文化内涵，扩大空间，使之方寸之地能够小中见大，并在园林艺术上巧妙的作为取景的画框，移步易景，转移视线的同时成为情趣横溢的造园障景。（如图4-16、4-17）

图4-16

图4-17

图4-18

4.1.2 景观小品的作用

　　人们的生活离不开艺术，艺术体现了一个国家一个民族的特点，表达了人们思想情感。而在景观设计中，艺术因素仍然是不可或缺的，正是这些艺术小品和设施，成为让空间环境生动起来的关键因素。由此可见，景观环境只是满足实用功能还远远不够，艺术小品的出现，提高了整个空间环境的艺术品质，改善了城市环境的景观形象，给人们带来美的享受。

　　景观小品的作用主要有以下几点：

1. 美化环境

　　景观设施与小品的艺术特性与审美效果，加强了景观环境的艺术氛围，创造了美的环境。

2. 标示区域特点

　　优秀的景观设施与小品具有特定区域的特征，是该地人文历史、民风民情以及发展轨迹的反映。通过这些景观中的设施与小品可以提高区域的识别性。

3. 实用功能

　　景观小品尤其是景观设施，主要目的就是给游人提供在景观活动中所需要的生理、心理等各方面的服务，如休息、照明、观赏、导向、交通、健身等的需求。

4. 提高整体环境品质

　　通过这些艺术品和设施的设计来表达景观主题，可以引起人们对环境和生态以及各种社会问题的关注，产生一定的社会文化意义，改良景观的生态环境，提高环境艺术品位和思想境界，提升整体环境品质。

11. 景观桥

　　桥梁是景观环境中的交通连接设施，与景观道路系统相配合联系游览路线与观景点，组织景区分隔与联系。在设计时注意水面的划分与水路的通行。水景中桥的类型有汀步、梁桥、拱桥、浮桥、吊桥、亭桥与廊桥等。（如图4-18）

4.2 景观小品的设计方法

景观小品在设计方法上要遵循布局与总体规划相一致的方法，风格上要与周围环境相协调，造型上要考虑实用性与美观性相统一的原则，并能满足人们行为心理功能需求，充分体现地域环境文化特色。

4.2.1 景观小品的设计原则

1. 个体设计方面

景观小品作为三维的主题艺术塑造，它的个体设计十分重要。它是一个独立的物质实体，具有一定功能的艺术实体。在设计中运用时，一定牢记它的功能性、技术性和艺术性。掌握这三点才能设计塑造出最佳的景观小品。

（1）功能性

有些景观小品除了装饰性外，还具有一定的使用功能。景观小品是物质生活更加丰富后产生的新事物，必须适应城市发展的需要设计出符合功能需要的景观小品才是设计者的职责所在。

（2）技术性

设计是关键，技术是保障，只有良好的技术，才能把设计师的意图完整地表达出来。技术性必须做到合理地选用景观小品的建造材料，注意景观小品的尺寸和大小，为景观小品的施工提供有利依据。

（3）艺术性

艺术性是景观小品设计中较高层次的追求，有着一定的艺术内涵。应反映时代精神面貌，体现特定的历史时期的文化积淀。景观小品是立体的空间艺术塑造，要科学地应用现代材料、色彩等诸多因素，造成一个具有艺术特色和艺术个性的景观小品。

2. 和谐设计方面

景观环境中各元素应该相互照应、相互协调。每一种元素都应与环境相融。景观小品是环境综合设计的补充和点睛之笔，和谐设计十分重要。在设计中要注意以下几点要求：

（1）具有地方性色彩

地方性色彩是指要符合当地的气候条件、地形地貌、民俗风情等因素的表达方式，而景观小品正是体现这些因素的表达方式之一。因此合理地运用景观小品是景观设计中体现城市文化内涵的重点。

（2）考虑社会性需要

在现代社会中，优美的城市环境和优秀的景观小品具有很重要的社会效益。在设计时，要充分考虑社会的需要、城市的特点以及市民的需求，才会使景观小品实现其社会价值。

（3）注重生态环境的保护

景观小品一般多与水体、植物、山石等景观元素共同来造景，在体现景观小品自身功能外，不能破坏其周围的其他环境，使自然生态环境与社会生态环境得到最大的和谐改善。

（4）具有良好的景观性效果

景观小品的景观性包括两个方面，一个是景观小品的造型、色彩等形成的个性装饰性；另一方面是景观小品与环境中其他元素共同形成的景观功能性。各种景观因素相互协调、搭配得体、互相衬托才能使景观小品在景观环境中成为良好的设计因素。

3. 以人为本设计方面

园林小品作为环境景观中重要的一个因素，以人为本，充分考虑使用者，观赏者及各个层面的需要。时刻想着大众，处处为大众所服务。

4.2.2 景观小品的价值体现

1. 生态方面

随着人们对生活环境质量要求的提高，对大自然的追求具有物质循环和能量循环的景观小品受到大家的喜爱，并被广泛地使用，比如景观水体小品和景观植物小品。景观小品在构成景观时，应多与植物和水体相结合，产生尽可能大的生态效益。

2. 景观方面

在繁华的都市里，能有一块公共绿地已经让人感到很欣慰了，而在城市景观中人们往往更注重大环境的改变，而忽略细节。然而生动活泼的景观小品恰恰能为人们构筑生活的情趣，提高生活品质。

3. 情感方面

景观小品衍生出来的精神产物饱含着设计者和使用者的情感交流，也蕴含着城市与环境所营造的情感氛围。一个好的园林景观不仅能给人以视觉享受，而且还能给人以无限联想。设计师通过模拟、象征、隐喻、暗示等手法。能创造出许多有情感寄托的景观小品。

4. 经济方面

景观小品构成良好的生活环境和城市景观，成为旅游业中不可缺少的一部分，推动了旅游业的发展，使城市形象和知名度得到提升，为城市各行各业的经济发展奠定良好的环境基础。

5. 文化方面

景观小品不仅延续着城市的历史，塑造城市的景观环境，还承担着一定的展示城市文化的职能，使城市环境一方面延续着地方文化特色，又一方面展现时代文化与城市的融合。使城市充满了艺术氛围和文化韵味，城市形象得到充实。

4.3 景观小品的表现

景观设计中景观小品是必不可少的组成部分，由于使用功能和审美功能的要求，它的形态丰富且多变。在刻画它们的时候需要了解其外形、细部、材质、比例关系等，然后选择适合自己的方法进行刻画。

4.3.1 景观小品单体表现

1. 景观灯表现

景观灯根据其形态，多为竖向线条，以圆柱和方柱为主，所以在表现时要注意其形体的刻画，明暗关系的排线要简洁利落，根据其形态来排线，如圆柱形的灯柱上排弧线，方形灯柱上排直线，注意排线的疏密变化及高光留白。（如图4-19）

图4-19 景观灯的表现

2. 景观雕塑表现

景观雕塑形态多样，结构复杂程度不一，所以在表现时应该以突出其大致的形体结构为主，过于精细的内容不必表现，以免琐碎凌乱，主次不分。至于雕塑上面的文字和图案要简洁概括，无须具象，注意明暗的过渡和省略。（如图4-20）

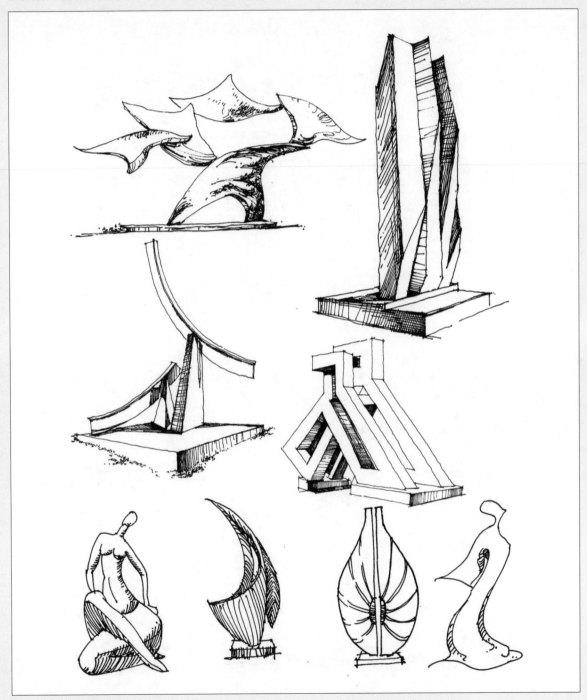

图4-20 景观雕塑的表现

3. 景观墙表现

景观墙一般都以方形为主，墙体上一般会有饰面材料，这和铺装的表现是一样的。在注意材料本身形态特征表现的同时，要注意近实远虚的概括刻画，并且材料的 线条要符合整体的透视关系。作为景观墙的配景，如植物、水体、天空等要简洁概括，不能喧宾夺主。（如图4-21）

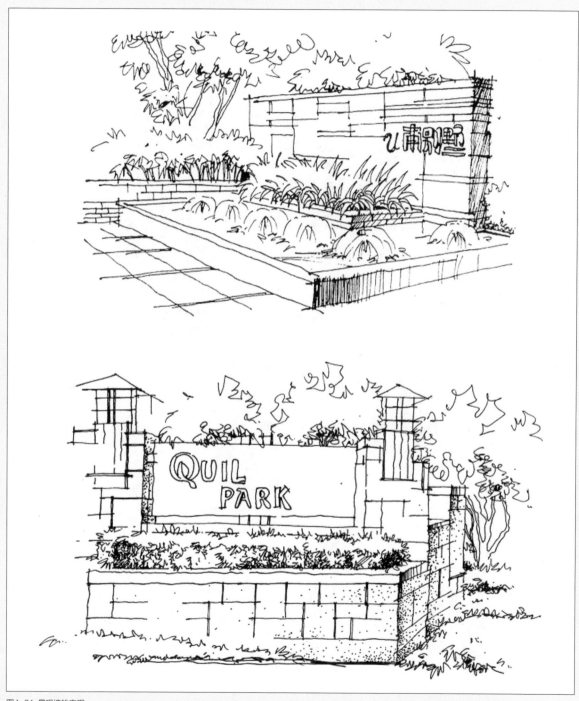

图4-21 景观墙的表现

4.景观座椅表现

景观座椅的形态多样，有方形、圆形、曲线形、折线形等；而材料上也分为石椅、木椅、金属椅等，所以在表现上既要注意形态特征的刻画，又要注意材质上的刻画。金属、玻璃和抛光的石材比较光亮，在刻画时线条要笔直，干净利落，用竖向线条画出其反光面，而木材和未抛光的石材只画出明暗、机理和结构即可。（如图4-22）

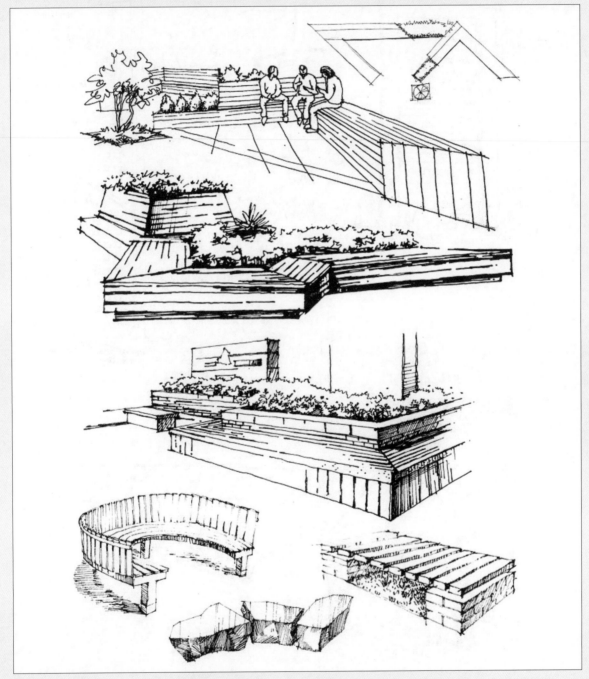

图4-22 景观座椅的表现

5. 景观指示牌表现

指示牌作为景观中的信息展示，多为较薄的体块，形态也多以方形、条形为主。主要注意文字和图片信息的刻画，细小的文字和图片内容不用真实表现，要概括刻画。

文字可以用点也可以用方块，也可以用其他字或符号来表现，但必须注意的是每行字都要在一条透视线上，并且要注意近大远小的透视关系。（如图4-23）

图4-23 景观指示牌的表现

6. 景观廊架表现

景观廊架多为木材、金属、玻璃等材料建造，结构上对比前面几种景观小品稍微复杂些，除了外部形态的表现，还有内部结构的表现，所以透视相对复杂，在表现时更得注意近实远虚的刻画，所谓近实远虚就是近处详细刻画，结构线清晰，明暗区分明显；而远处则概括刻画，结构线逐渐的若隐若现，明暗调子逐渐消失。这样才能使廊架有进深感，立体感较强。（如图4-24）

图4-24 景观廊架的表现

7. 景观亭表现

景观亭风格和造型多样，由于它通透的外围、穿插的结构以及造型多样的坡屋顶，透视显得比较复杂，不好把握。在表现中首先要确定视平线的位置，是俯视、仰视还是平视，在刻画结构时要注意变线之间的互相参考，大致做到同一方向的变线消失于同一消失点。至于亭子顶部的材质和框架上的装饰部分要注意概括和省略，切忌刻画得太满，密密麻麻，主次不分。（如图4-25）

图4-25 景观亭的表现

8.景观树池表现

一般树的周围有铺装都必须设置树池,其作用一是,在树木栽植初期,便于树木的开淹浇水、施肥等管理;二是,有一定的收集雨水,增加土壤透气性的作用;三是,给树木一定的生长空间,防止随树木的加粗生长将铺装破坏。树池内种植一些植被,或用卵石填充,或用专门定做的铁箅子树池,都不失为好的防止黄土露天的手段。树池除了自身的作用外,还可以兼顾休息,做成树池座椅。在表现上刻画出树池的造型和材质的机理即可,具体刻画方法同景观墙表现一致。(如图4-26)

图4-26 景观树池的表现

4.3.2 景观小品在景观环境中的表现

景观小品是景观节点的主题，由于使用功能和审美功能的要求，它的形态丰富并且多变。在刻画他们的时候需要了解其外形、结构、材质以及在景观环境中的比例大小。首先要确定主体景观小品的位置、视角和透视，主体确定后，用植物和周围的附属场景弥补主体构图上的不足，使画面更加丰富完整。

图4-27 景观门洞在景观环境中的表现

图4-28 景观墙在景观环境中的表现

图4-29 景观廊架在景观环境中的表现

图4-30 景观亭在景观环境中的表现

图4-31 景观桥在景观环境中的表现

景观节点设计与表现

景观节点通俗点说就是一个视线汇聚的地方，也就是在整个景观中比较突出的景点。比如大型广场的中心雕塑就是景观节点，其作用就是能吸引周边的视线，从而突出该点的景观效果。

5.1 点状景观节点设计

点状景观节点往往设置在景观轴上，起到画龙点睛的作用。一般小型园林景观中会有2~3个景观节点，中型园林景观会有3~5个景观节点，而大型的景观项目都会有多个景观节点，突出各个部分的特色同时也把全局串联在一起，更好地体现出设计者的意图。

5.1.1 矩形主题设计

与铺装的矩形主题设计相似（参考50页），矩形主题相互穿插，先做好硬质景观环境铺装和道路的形体设计，然后再配以景观植物，景观植物根据铺装以及道路的形状来布置。铺装、道路和水体边缘的植物可采用直线式布置形式，大面积的草地上或低矮的灌木中可以采用自然式的丛植或群植的种植形式。当铺装、道路、水体和植物都布置好之后，再将景观小品布置在视觉焦点上，作为景观节点中的主景。作为视觉焦点的景观小品可以是雕塑、亭子、廊架、孤植树、喷泉等。

图5-1 矩形主题景观节点设计示例一

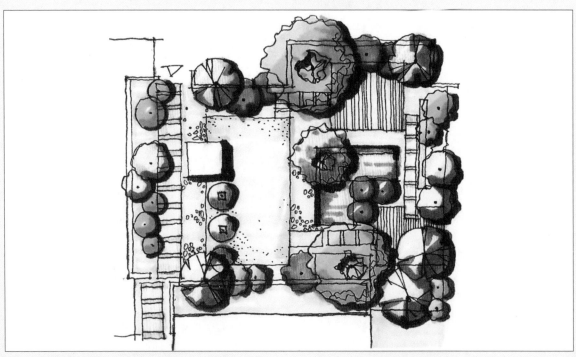

图5-2 矩形主题景观节点设计示例二

5.1.2 多边形主题设计

与铺装的斜线主题设计相似（参考52页），也可以理解为将矩形的角切掉而形成的斜边。多边形多与矩形相结合，相互穿插来形成设计主题。具体设计的步骤，如铺装、道路、水体、植物以及景观小品的布置方法，同矩形主题景观节点设计是一样的，这里不再重复。

图5-3 多边形主题景观节点设计示例一

5.1.3 圆形及圆弧主题设计

　　圆形及圆弧主题景观节点设计与铺装中的圆形与曲线主题铺装设计相似（参考54页），圆和圆重叠的部分不宜过多也不易过少，每个圆的圆周应该经过或靠近与之叠加的圆的圆心，也就是相交的部分接近直角。景观植物要按照圆形及圆弧的边缘进行曲线式布置。

图5-4　圆形及圆弧主题景观节点设计示例一

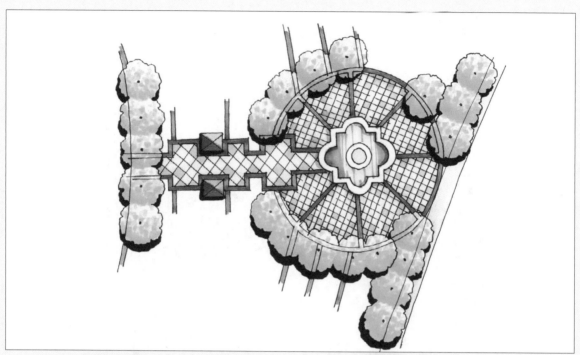

图5-5 圆形及圆弧主题景观节点设计示例二

5.2 轴线式景观节点设计

轴线式景观节点往往是由几个点状景观节点串联起来形成的带状景观，一般用于中型和大型景观项目设计。轴线式景观节点层次较为丰富，设计时要注意各元素之间的组合搭配。

5.2.1 规则式轴线

规则式景观轴线是将几何形体式节点有序地拼接在一起，形成一个景观轴线，景观轴线一般可以连接两个出入口，也可以作为主要入口的入口景观。景观轴线上可以有植物、水体、雕塑、花钵、花箱等构成有视觉效果的景观元素。一般来讲景观轴线是人流量较大的地方，所以铺装的面积要稍大些，铺装的层次和样式也较丰富。

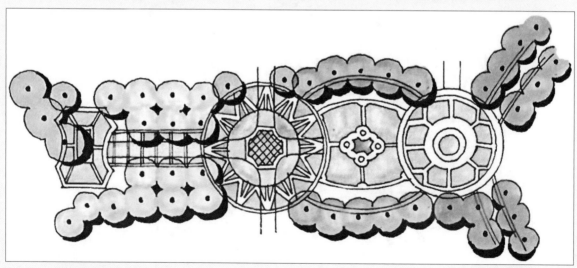

图5-6 规则式轴线设计示例一

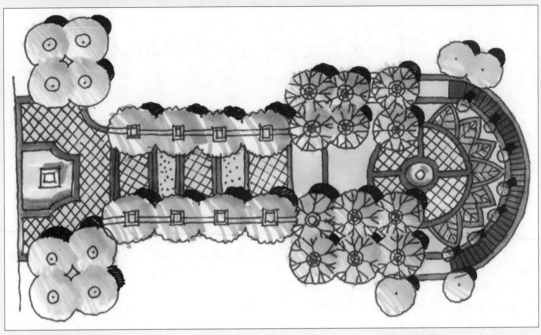

图5-7 规则式轴线设计示例二

5.2.2 自然式轴线

　　自然式景观轴线也就是铺装和水体是自然曲线形，没有几何式的边界线，这种景观轴线多以自然式水体为主，曲折蜿蜒的流水贯穿整个轴线，岸边配有铺装、植物、亭廊、花架、雕塑等景观元素，在整体环境中作为主要的浏览路线，具有一定的观赏性和亲水性。

图5-8 自然式轴线设计

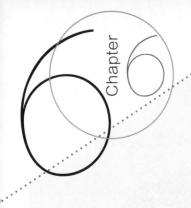

Chapter 6

中小型园林景观设计与表现

构成园林实体的五大要素为地形、水景、植物、建筑及景观小品，这些要素要相辅相成，共同形成园林景观，构成园林空间。

6.1 中小型景观设计形式

园林景观设计形式大致分为规则式园林设计、自然式园林设计和混合式园林设计。规则式园林又称整形式、建筑式、图案式或几何式园林；自然式园林又称为风景式、不规则式、山水派园林等；混合式园林主要指规则式、自然式交错组合。

6.1.1 规则式园林的特点及设计方法

西方园林，从埃及、希腊、罗马起到18世纪英国风景式园林产生以前，基本上以规则式园林为主，其中以文艺复兴时期意大利台地建筑式园林和17世纪法国勒诺特平面图案式园林为代表。这一类园林，以建筑和建筑式空间布局作为园林风景表现的主要题材。

1. 特点

（1）地形地貌

在平原地区，由不同标高的水平面及缓倾斜的平面组成；在山地及丘陵地，由阶梯式的大小不同的水平台地、倾斜平面及石级组成。

（2）水体设计

外形轮廓均为几何形；多采用整齐式驳岸，园林水景的类型以及整形水池、壁泉、整形瀑布及运河等为主，其中常以喷泉作为水景的主题。

（3）建筑布局

园林不仅个体建筑采用中轴对称均衡的设计，以至建筑群和大规模建筑组群的布局，也采取中轴对称均衡的手法，以主要建筑群和次要建筑群形式的主轴和副轴控制全园。

（4）道路广场

园林中的空旷地和广场外形轮廓均为几何形。封闭性的草坪、广场空间，以对称建筑群或规则式林带、树墙包围。道路均为直线、折线或几何曲线组成，构成方格形或环状放射形，中轴对称或不对称的几何布局。

（5）种植设计

园内花卉布置用以图案为主题的模纹花坛和花境为主，有时布置成大规模的花坛群，树木配置以行列式和对称式为主，并运用大量的绿篱、绿墙以规划和组织空间。树木整形修剪以模拟建筑体形和动物形态为主，如绿柱、绿塔、绿门、绿亭和用常绿树修剪而成的鸟兽等。

（6）园林其他景物

除建筑、花坛群、规则式水景和大量喷泉为主景以外，其余常采用盆树、盆花、瓶饰、雕像为主要景物。雕像的基座为规则式，雕像位置多配置于轴线的起点、终点或交点上。规则式园林给人的感觉是雄伟、整齐、庄严。

2. 设计方法

规则式园林景观设计方法多指以几何形体为设计元素进行场地设计，可以是单一的一种形体元素，也可以是2～3种形体元素一起穿插布置。这和前面讲的铺装的设计方法和景观节点的设计方法是一样的。下面以现代园林景观为例，讲述规划式园林景观的设计方法。

（1）矩形主题设计

矩形主题最易于中轴对称搭配，它经常被用在要表现正统思想的基础性设计。矩形的形式尽管简单，它也能设计出一些不寻常的有序空间，特别是把垂直因素引入其中，把二维空间变成三维空间。由台阶和墙体处理成的下陷和抬高的水平空间的变化，丰富了空间特征。以下是矩形方案的实例，它显示了是如何利用这一简单的图形组织成铺装、座椅、踏步等其他设施的。（如图6-1、6-2、6-3、6-4、6-5）

图6-1 矩形的草地与铺装结合

图6-2 矩形的铺装与种植结合

图6-3 矩形的座位、铺装和矩形的草地结合

（2）多边形主题设计

多边形主题更加富有动态，不像矩形主题那么规则，它能给空间带来更多的动感。下面的图片展示了各种多边形主题的园林景观，体现了多边形主题的趣味性。

6-4 不同材质的铺装、种植池形成的多边形景观

（3）圆形及圆弧主题设计

圆的魅力在于它的简洁性、统一感和整体感。它也象征着运动和静止的双重特性。单个圆形设计出的空间能突出简洁性和力量感，多个圆及圆弧在一起能够达到具有一定韵律的动态效果。

图6-5 圆形的种植池、水体铺装通过圆弧的连接相互结合

6.1.2 自然式园林景观的特点及设计方法

我国园林，从有历史记载的周秦时代开始无论大型的帝皇苑囿还是小型的私家园林，多以自然式山水园林为主。古典园林中以北京颐和园、"三海"园林、承德避暑山庄、苏州拙政园、留园为代表。我国自然式山水园林，从唐代开始影响日本的园林，从18世纪后半期传入英国，从而引起了欧洲园林对古典形式主义的革新运动。

1. 特点

（1）地形地貌：平原地带，地形为自然起伏的和缓地形与人工堆置的若干自然起伏的土丘相结合，其断面为和缓的曲线。在山地和丘陵地，则利用自然地形地貌，除建筑和广场基地以外不做人工阶梯形的地形改造工作，原有破碎割切的地形地貌也加以人工整理，使其自然。

（2）水体：其轮廓为自然的曲线，岸为各种自然曲线的倾斜坡度，如有驳岸也是自然山石驳岸，园林水景的类型以溪涧、河流、自然式瀑布、池沼、湖泊等为主。常以瀑布为水景主题。

（3）建筑：园林内个体建筑为对称或不对称均衡的布局，其建筑群和大规模建筑组群，多采取不对称均衡的布局。全园不以轴线控制，而以主要导游线构成的连续构图控制全园。

（4）道路广场：园林中的空旷地和广场的轮廓为自然形的封闭性的空旷草地和广场，以不对称的建筑群、土山、自然式的树丛和林带包围。道路平面和剖面为自然起伏曲折的平面线和竖曲线组成。

（5）种植设计：园林内种植不成行列式，以反映自然界植物群落自然之美；花卉布置以花丛、花群为主，不用模纹花坛；树木配植以孤立树、树丛、树林为主，不用规则修剪的绿篱，以自然的树丛、树群、树带来区性划分和组织园林空间。树木整形不做建筑鸟兽等体形模拟，而以模拟自然界苍老的大树为主。

（6）园林其他景物：除建筑、自然山水、植物群落为主景以外，其余尚采用山石、假石、桩景、盆景、雕刻为主要景物，其中雕像的基座为自然式，雕像位置多配置于透视线集中的焦点。自然式园林在中国的历史悠长，绝大多数古典园林都是自然式园林。体现在游人如置身于大自然之中，足不出户而游遍名山名水。如承德避暑山庄集中国大江南北园林于一园之中，游览其中可欣赏到各种风格的园林景观。

2. 设计方法

自然式园林景观设计方法中一般以自由曲线为设计主题的较多，如中国古典园林就是这样的形式，所有的道路和地块的划分都遵循自然形成的规律，不刻意地进行几何式划分。在现代园林景观设计中也出现了以折线为主题的景观设计，有一定的视觉冲击力，具有很强的现代感。下面以现代园林景观为例，讲述自然式园林景观的设计方法。

（1）折线主题设计：折线是由多条不同方向的直线相接而成，给人一种不规则的韵律感、跳跃感和较强的视觉冲击力。在现代景观中，常用折线主题来做起伏的地形设计。折线给人的感觉不同于曲线那样柔软、优美、富于弹力，它更具男性的特征，稳定而有力度。（如图6-6、6-7、6-8、6-9）

图6-6 折线式的高差设计

图6-7 折线式的水岸地形设计

图6-8 折线式的坡地设计

图6-9 折线式的楼梯设计

　　（2）曲线主题设计：曲线主题景观会使人感觉流畅，让人想到自然的河流、地形等。自由曲线具有延伸、流畅以及富有弹性美，它具有女性柔软、优美的特征。能表达丰满、圆润、柔和、富有人情味儿。（如图6-10、6-11）

图6-10 曲线形起伏山丘式地形设计

图6-11 曲线形趣味休闲景观设计

6.1.3 混合式园林景观的特点及设计方法

一般面积稍大些的园林都采用混合式的设计形式，这样也符合不同使用功能的不同需求，园林的形式也较为丰富多样，既适合平整地块又适合起伏不平的山地或丘陵。

1. 特点

一般情况下，多结合地形在原地形平坦处根据总体规划需要安排规则式的布局。在原地形条件较复杂，具备起伏不平的丘陵、山谷、洼地等，结合地形规划成自然式。类似上述两种不同形式规划的组合即为混合式园林。

2. 设计方法

（1）按场地大小来设计

大面积园林，以自然式为宜，小面积以规则式较经济。四周环境为规则式宜规划规则式，四周环境为自然式则宜规划成自然式。林荫道、建筑广场的街心花园等以规则式为宜。

（2）按场地环境来设计

注意规则式与自然式的融合与过度，一般的是平坦的地块适合做规则式园林景观，而地势起伏不平的地块适合做自然式园林景观。（如图6-12）

图6-12 规则式与自然式的混合

6.2 中小型园林景观设计方法

通常我们在做景观设计时都是从地块的整体出发，考虑出入口的位置，然后功能分区，主干道、次干道的设定，再逐步地细化，得出方案。这是设计的基本方法和步骤，然而作为初学者来说并不是很适用，因为初学者的头脑里对景观设计的经验是空白的，即使懂了概念，也看了设计方法，可面对方案还是画不出内容。

所以这里要讲的是从局部小的景观节点开始练习设计，一块铺装、一个水体、几棵树都可以构成景观节点，设计和表现这些小的景观节点相对来说比较容易掌握，然后将这些小的景观节点拼接在一起构成一些小的景观设计，虽然不受题目或客户的要求限制，但在反复的设计和表现中可以不断地积累设计内容和表现形式，不断地提高

设计意识。有一句话叫"书读百遍，其义自现"，意思是指书读的次数多了，其意思就自然显露出来了。而我们做景观设计也一样，当头脑里的设计经验和设计内容越来越多时，再去按照题目或客户的要求去做设计就容易多了。

6.2.1 设计步骤

1. 准备小的景观节点平面图

下面有五张小的景观节点图，平时有空的时候拿起笔随便勾画都可以画出。选择一种适合自己的表现方法来练习小的节点平面，画的时候注意植物的布置方法（第一章里有讲过）、铺装的组合与搭配（第二章里讲过）、景观小品的布置（第三章里讲过）等因素。（如图6-13）

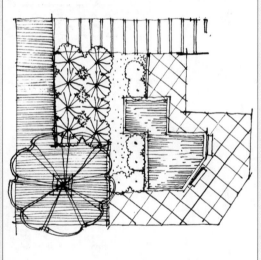
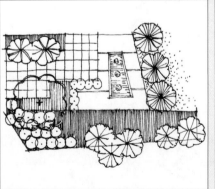
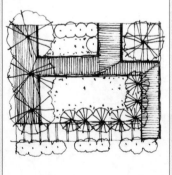
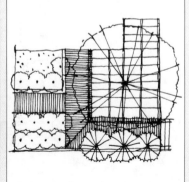

图6-13 五张不同的景观节点图（注意要选择风格和表现形式一致的图）

2. 拼接组合

　　随便找3~5张平面拼接在一起，拼接的时候要注意　　掉，减掉正好之后打印出来。（如图6-14）
行走路线的畅通性，把多余的不符合画面需要的部分减

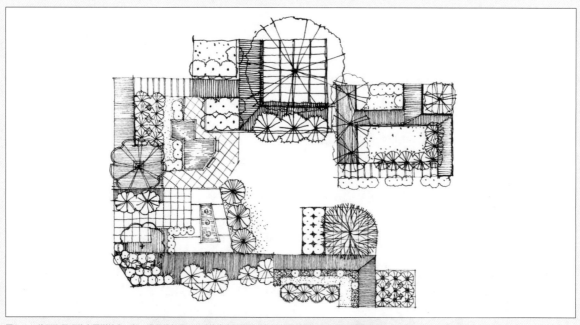

图6-14　将五张景观节点图拼接在一起，重叠的部分可以减掉多余的使铺装与铺装衔接保证行走路线的畅通性

3. 修改完善

　　将需要补充的内容画到打印好的半成品平面图中去，　　将3~5张小的平面图再进行拼接就可以生成中型园林景
这样一张完整的小型园林景观平面图就生成了。由此方法　观平面图。但同时不可以再拼接扩大了，那样的话会显得
琐碎，并且也不适合。（如图6-15）

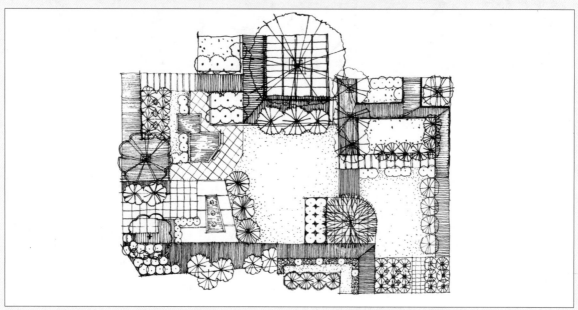

图6-15　将拼接好的图打印出来补好空白的地方，形成完整的景观平面图

6.2.2 设计思维的培养

1. 设计素材的提炼

想一想我们在无聊的时候喜欢画些什么？圆圈？方块？还是一些不规则的形体？有没有这样的一些情况：在漫长的会议上、无趣的课堂上，我们拿着笔漫无目的地在书上或纸上画着自己也不知道是什么的画。（如图6-16）

如果我们把这些漫无目的的画加以提炼，画上铺装、水体和草地，配上植物和景观小品，一幅小的景观设计平面图便形成了。（如图6-17、6-18）

平时多做一些这样的练习，对设计方案的积累有一定的帮助。

图6-16 随意画的任意形

图6-17 形成对称的景观轴线

图6-18 形成大树下圆形的休闲场地

2. 设计灵感的启发

当我们看一些自己喜欢的图画，不一定是景观设计方面的，可以是构成图、纹理图或是插画、抽象画等等，总之是你感兴趣的画面。（如图6-19）

这些精美的图画会激发你在景观方面的设计灵感。艺术的形式多种多样，相互都可以渗透和借鉴，并以特有的形式再次呈现出来。（如图6-20、6-21、6-22、6-23）

图6-19 卷纹构成图

图6-20

图6-21

图6-22

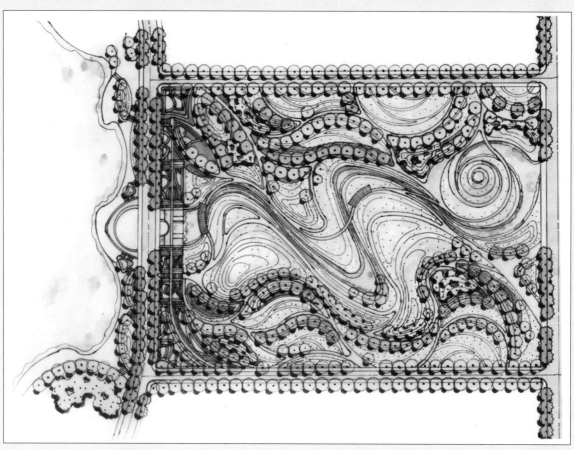

图6-23

6.3 中小型园林景观设计表现

以上面的景观设计图为例，将做好的平面画出剖面图及透视图，完成整套方案设计的练习。在此过程中要注意比例关系，风格的协调一致。

6.3.1 平面图的表现

平面图中需要表示的内容有：指北针、比例尺、图名、铺装名称、植物名称、景观节点、入口等。设计说明一般也放在平面图的排版中。（如图6-24）

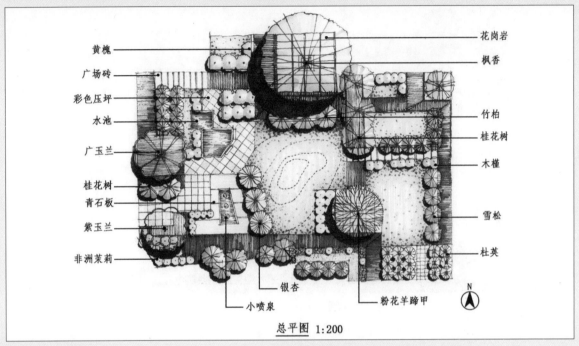

图6-24 平面图的表现

6.3.2 分析图的表现

分析图包括功能分区图、交通流线分析图、景观结构分析图、绿化分析图、水体分析图等，在徒手表现的时候会用一些点、线、面的符号来表示，并用不同的粗细和色彩来区分。（如图6-25）

下面就上一节内容的平面图来简单地画一下分析图。首先按原地形画出地形边框，然后再用上面列举的点、线、面符号来表示不同分析图中的各元素。（如图6-26）

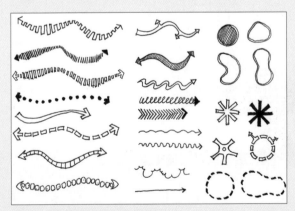

图6-25 画分析图用的点、线、面的形式

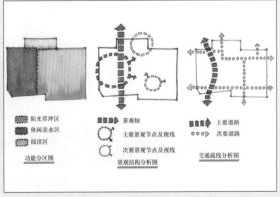

图6-26 各分析图的表示方法

6.3.3 剖面图的表现

剖面图中需要表示的内容有：图名、比例尺、标高、植物名称、铺装名称、景观小品等可标可不标，标不标根据构图需要来定。同时要在平面图中标出剖切符号，如果剖面图与平面图不在同一画面内，应该做个索引图，就是把平面图复制并缩小放在剖面图的旁边并标出剖切符号，这样可以明确剖面图表现的是平面图中的具体哪一部分，他们必须一一对应。剖面图中的剖断面要用粗实线表示。（如图6-27、6-28）

图6-27 A-A剖面图

图6-28 B-B剖面图

6.3.4 透视图的表现

透视图一定是要表现平面中的景观节点才有说服力，所以透视图的图名要与平面中的景观节点名称一致，最好也像剖面图一样做个索引图放在效果图的旁边，并标出该效果图是表现平面图中的哪一部分，两者也必须是一一对应的关系。（如图6-29、6-30）

图6-29 小喷泉效果图

图6-30 透视图的表现

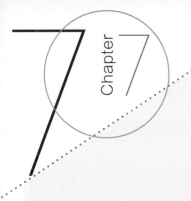

中小型园林景观快题设计与表现

中小型园林景观快题设计注重设计的立意与形式感，设计要求具备一定的深度。快题设计是遴选设计人才的重要考察手段，能够快速检验设计者的分析、归纳和表达能力。快题设计同时也是设计者推敲、比选和深化设计构思的有力工具。此外，简明而直观的构思图解和快速表现还是设计者与甲方或其他合作伙伴之间进行沟通的有效手段。

7.1 景观快题设计的内容与要求

作为景观专业类别的快题设计，其设计内容围绕景观专业的范围来进行定义。现代景观包括很多方面，如城市公园、城市广场、滨水区、乡村庄园、别墅花园、住区公园、校园、街头绿地等等。设计时要根据任务书里的要求来进行设计，如场地要求、作图要求、图纸内容要求等。下面就广场、庭院、校园环境、住区环境以及城市小公园环境进行简单介绍，并以平面设计为例加强对中小型景观设计方法的巩固。

7.1.1 小广场景观设计

小广场在城市生活中是一种"连带"性空间，人们可以在此驻足流连，并且可以具有休息，聚会，通道作用等多种职能。在广场设计中，"轴"的应用较为普遍。所谓"轴"是一种线形基准，并且这种基准是均衡的（参考5.2轴线式景观节点设计）。在中轴线上塑造不同性质的空间以求得轴线整体的多层次的迭变场所。（如图7-1、7-2）

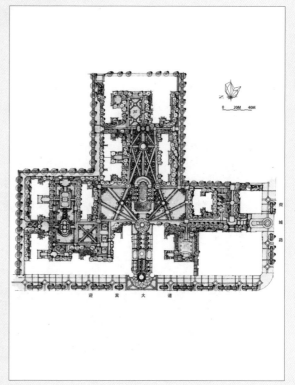

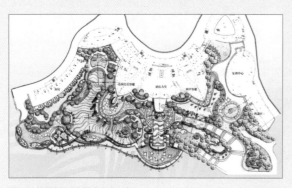

图7-1 某酒店前广场景观环境设计

图7-2 住区入口的广场景观环境设计

7.1.2 别墅庭院景观设计

别墅庭院是一种具有高度的围合性、独立性、内敛性和休闲娱乐性的生活场所。庭院的基本要素有围合边、地表、天空以及这三者之中的空体量。围合边界形式多样，主要是建筑物和围墙围栏或植物围合。地表会适当地布置植被、水体、道路、铺装节点以及景观小品等。庭院空间往往追求空灵的意境，提供一方净土，身在其中怡然自得。（如图7-3 7-4）

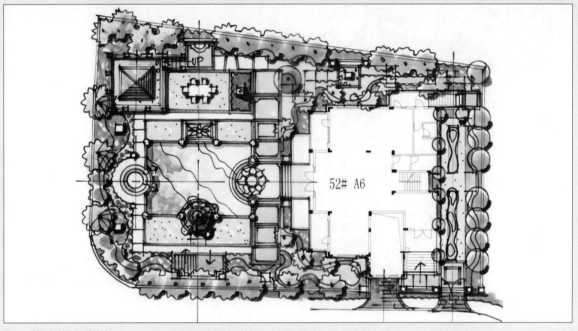

图7-3 别墅庭院景观环境设计一

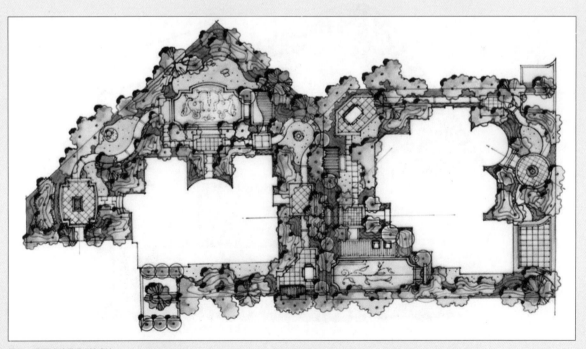

图7-4 别墅庭院景观环境设计二

7.1.3 校园环境景观设计

　　校园环境景观大致分为办公楼区景观环境、教学楼区景观环境、宿舍区景观环境和运动区景观环境等。校园环境的空间布局应与城市脉络相统一，在成为城市地段环境一分子的同时突出校园的功能特性与审美特性。（如图7-5、7-6）

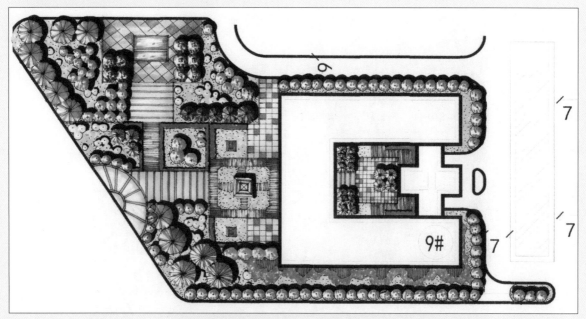

图7-5 学生宿舍景观环境设计

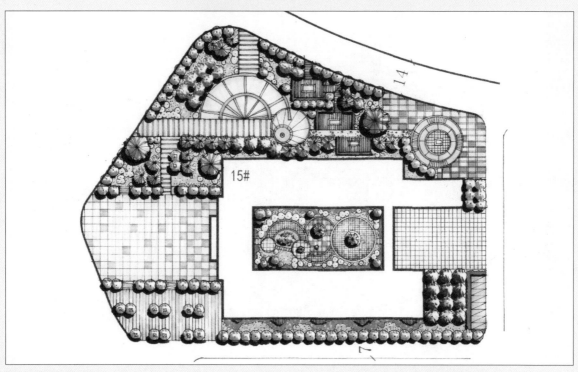

图7-6 教学楼景观环境设计

7.1.4 居住小区景观设计

居住小区环景观设计更加关注居民生活的方便、健康与舒适性，不仅为人所赏，还要为人所用。尽可能创造自然、舒适、亲近、宜人的景观空间，实现人与景观有机融合。尽量增加居民接触地面、植物和水体的机会，创造适合各类人群活动的室外场地和各种形式的花园、水体等等。（如图7-7、7-8、7-9）

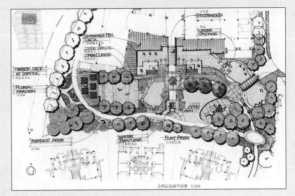

图7-7 居住小区会所与住宅楼之间的景观环境设计

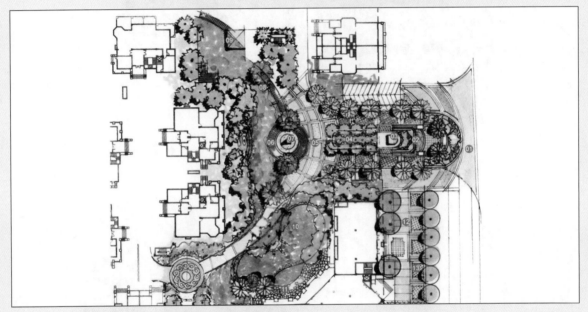

图7-8 居住小区入口景观环境设计

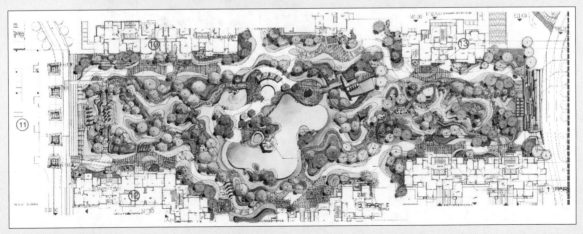

图7-9 居住区中心景观环境设计

7.1.5 城市小公园景观设计

城市小公园是一种为城市居民提供的、有一定使用功能的自然化的游憩生活境域,是城市的绿色基础设施,它作为城市主要的公共开放空间,不仅是城市居民的主要休闲游憩活动场所,也是市民文化的传播场所。在注重环境生态、人居质量、艺术风格、历史文脉和地方特色的今天,景观环境设计就显得更加重要了。(如图7-10、7-11)

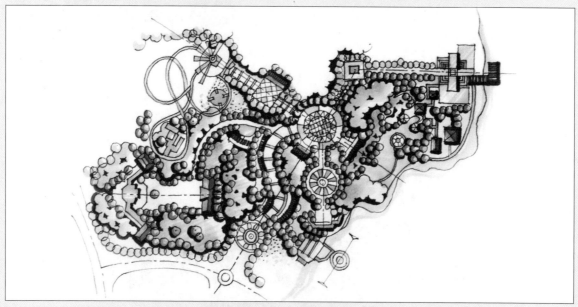

图7-10 城市小公园景观环境设计

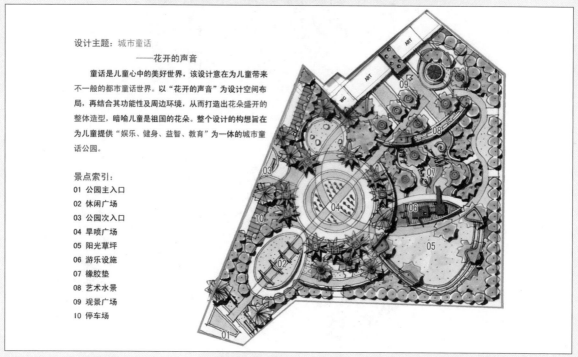

设计主题:城市童话

——花开的声音

童话是儿童心中的美好世界,该设计意在为儿童带来不一般的都市童话世界。以"花开的声音"为设计空间布局,再结合其功能性及周边环境,从而打造出花朵盛开的整体造型,暗喻儿童是祖国的花朵。整个设计的构想旨在为儿童提供"娱乐、健身、益智、教育"为一体的城市童话公园。

景点索引:

01 公园主入口
02 休闲广场
03 公园次入口
04 旱喷广场
05 阳光草坪
06 游乐设施
07 橡胶垫
08 艺术水景
09 观景广场
10 停车场

图7-11 儿童小公园景观环境设计

7.2 景观快题设计表现

手绘表现整体场景的空间效果，不要急于下笔，对于要表现的场景，要认真考虑构图、布局、主要物体的造型特征、光影变化等因素，要做到心中有数。在表现透视图时，特别要注意视平线在画面高低位置的选择，这对作品的整体效果有很大的影响。出色的设计表现不但能够脱颖而出，促成方案的推敲，甚至可以弥补方案中的缺陷。优秀的图纸不但图面线条流畅，表现方法得当，就连图纸本身的构图排版也令人赏心悦目，从设计者手绘图面的熟练程度完全可以判断出设计者的业务功底和修养。

7.2.1 快题元素

1. 文字

景观快题中的文字包括大标题、设计说明、平面图中的文字索引等。这些文字在写之前最好给整段文字用线框画上边界线，这样有利于版面的整洁。设计说明尽量表达设计者的设计思路，简明扼要，突出重点，主要内容为功能布局、交通流线、景观分析、设计亮点等，不能与设计主题脱节。文字要一笔一画地写，字迹工整。（如图7-12）

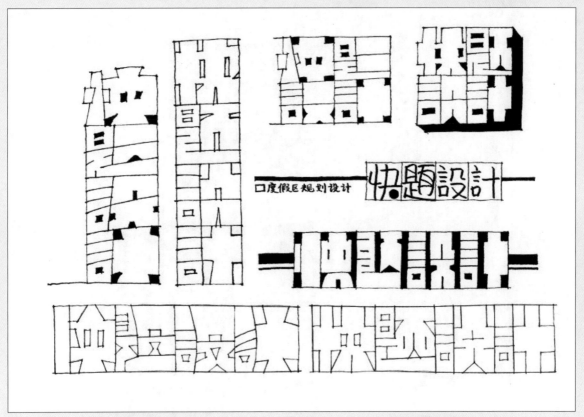

图7-12 快题设计大标题的几种表现方法

2. 设计图

设计图包括平面图、立面图、剖面图、分析图、种植图、铺装图、节点图、透视图、鸟瞰图等，根据不同的考试时间对图质量的要求不同，图纸张数也不同。一般来讲，剖面图要和平面图放在一起，以便两者的相互对照。大标题、设计说明和分析图一般放在第一张，以便对整体设计的直观了解；种植图、铺装图、节点图和透视图放在第二张，因为透视图表现的都是节点的效果，放在一起以便相互对照；鸟瞰图一般单独放在一张，因为尺度比较大，如果画面空，可以配上设计中的一些景观小品作为补充，使画面饱满。

7.2.2 快题的排版与构图

1. 快题的版式

快题的版式分为横版和竖版，若是两张以上图纸，一般都会选择用统一版式，比如都是横版，或者都是竖版。

无论横版还是竖版都要把重要的图放在整张图纸的直觉中心，主次分明，达到整个画面既饱满又整洁美观。

下面是平时的一些快题设计的积累，作为景观快题设计排版、构图的参考。

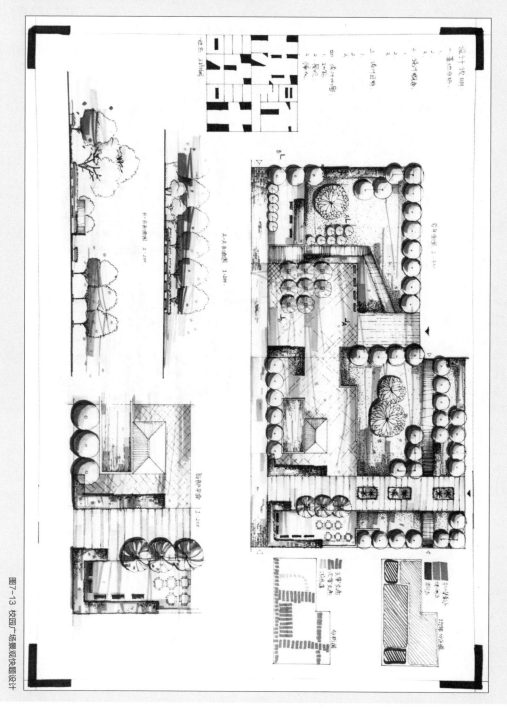

图7-13 校园广场景观快题设计

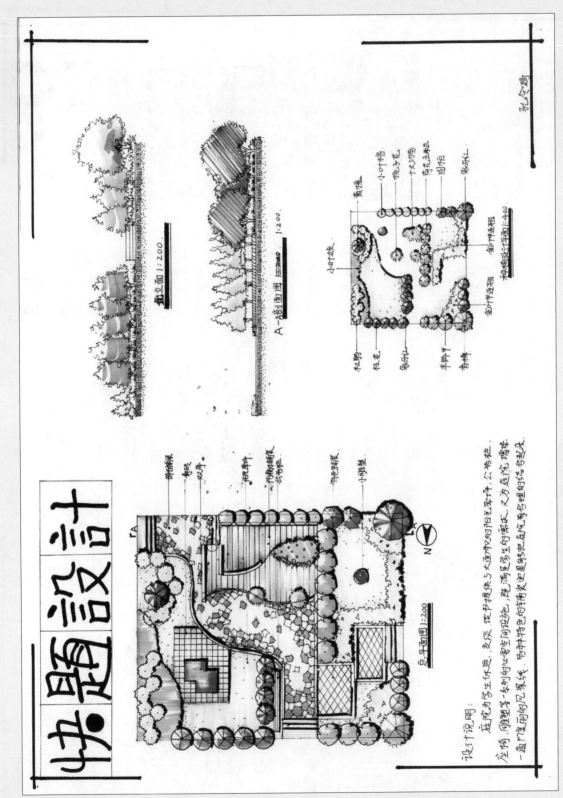

图7-14 庭院景观设计

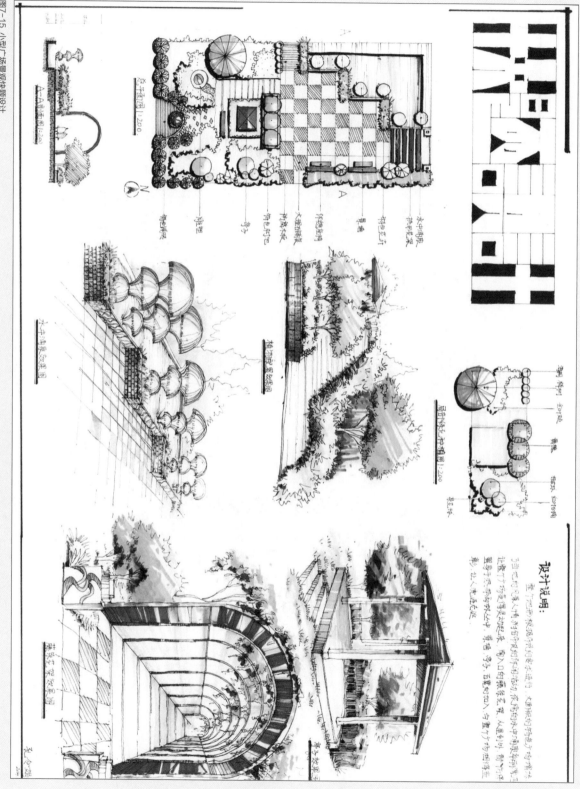

图7-15 小型广场景观快题设计

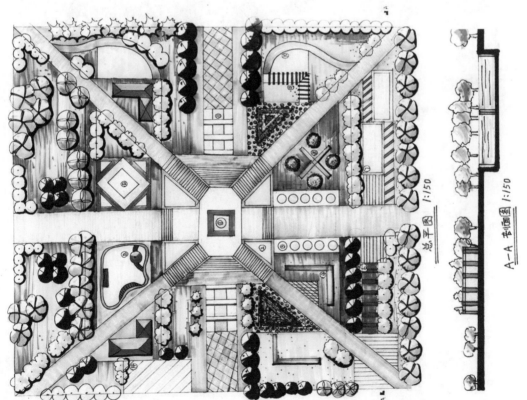

图例:
① 中心建筑
② 广场水池
③ 文化雕塑群(十一七组)
④ 庭亭廊
⑤ 三角花池
⑥ 文化大道
⑦ 戏水池
⑧ 特色景观花槽
⑨ 特色木廊
⑩ 条形水池
⑪ 球盘草坪
⑫ 小广场
⑬ 水景
⑭ 荷子场

设计说明:

整个设计以"米"字形结构构成主干道向四周展开,各个问题通向中心广场,充分体现了对称的格局设及布局;以人为本的设计理念,名通路线简洁明快,结合以人本躲设流之感,设计体现深层人文内容,文化雕塑群,壁画廊,文化长廊交考其间,给予人作生动的动态空间,中心"米"字形的红绸迎风飘扬,扬扬起设计灵魂之所在。

总平面图 1:150

A—A剖面图 1:150

图7-16 小广场平面图与剖面图

Chapter 7 / 中小型园林景观快题设计与表现

111

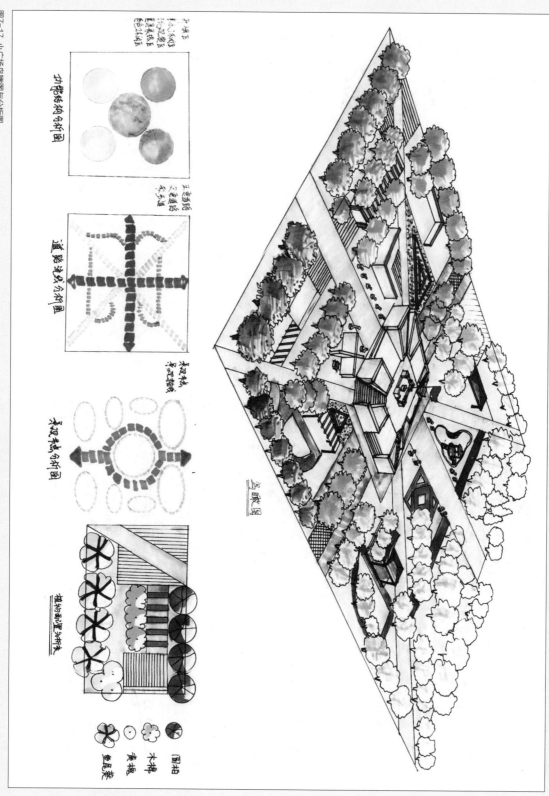

图7-17 小广场鸟瞰图与分析图

空间结构分析图

道路动线分析图

景观点分析图

植物配置分析图

全瞰图

主要道路
二级道路
天桥

景观点
步行轴线

景观点

圆柏
木棉
变色莠

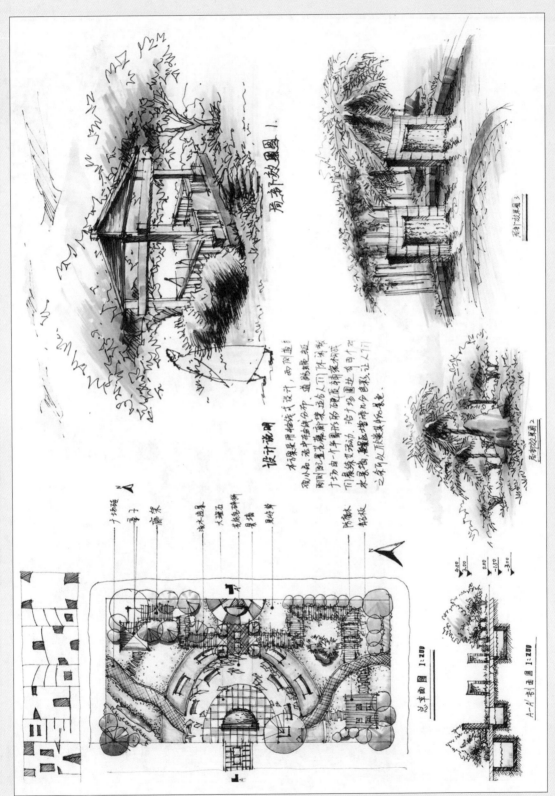

局部效果图 1.

彩色效果图 3

局部效果图 2

设计说明

本方案采用轴线式设计, 南侧为观小岛, 花草丛中设有亭子。道路蜿蜒曲折, 在园区里蜿蜒交织通向入口, 环绕休息广场由一个中部铺设的圆环状铺装水域, 而绿化区较广阔, 沿着场圆进行布置区衬绿阴植被水域, 醒醒绿地增添休息区的氛围, 让入口之余可以开放性的休息景象丰富效果.

子物链
亭子
廊架

滨水造景
大堤台
花池坐凳种植
身清

身映车

防腐林
轨枕铺装

总平面图 1:200

A—A 剖面图 1:200

图7-18 滨水景观快题设计

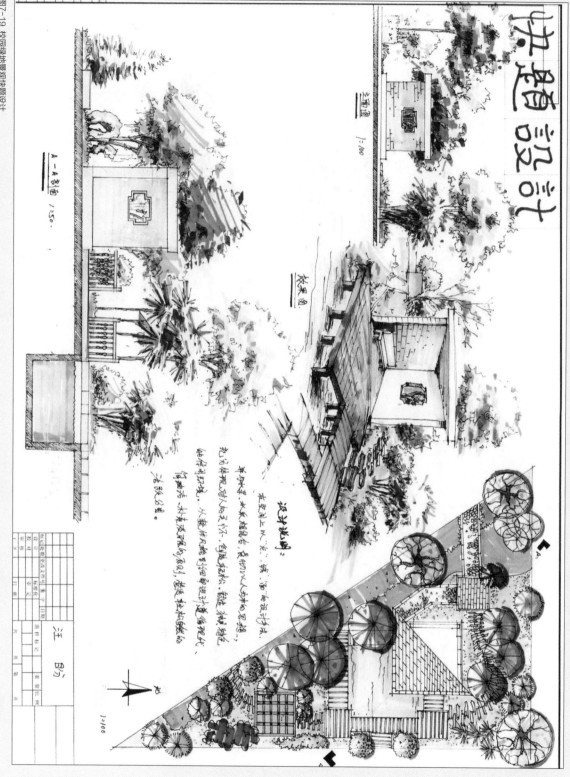

图7-19 校园绿地景观快题设计

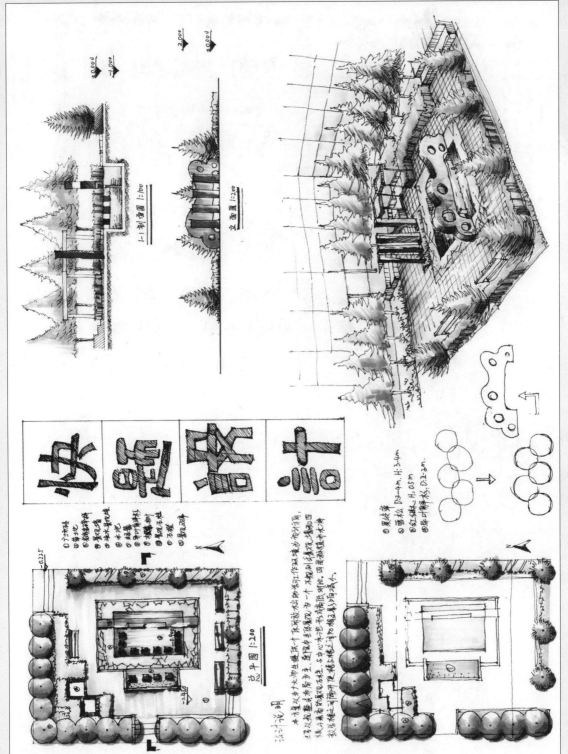

图7-20 校园办公楼中庭景观设计

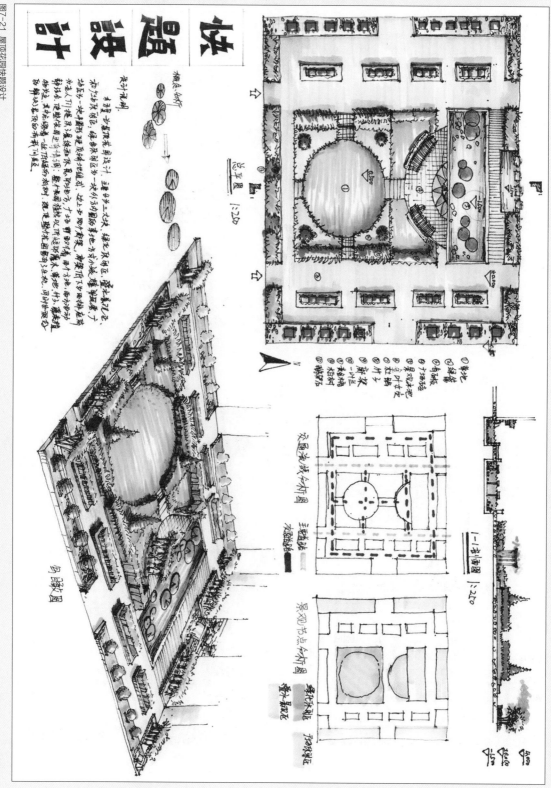

图7-21 屋顶花园快题设计

2. 排版练习

将下面的平面图标出图名、比例尺、指北针、铺装名称、植物名称和焦点景观；剖面图标出图名、比例尺、标高等，并在平面中标出剖切符号及序号；效果图标出图名；画出分析图。将每一组景观设计图按照一定的比例临摹在A3的绘图纸上，排好版，并写上大标题、设计说明以及设计构思草图。形成一张完整的设计图。

图7-22 竹林景观设计平面图

图7-23 竹林景观设计剖面图

图7-24 竹林景观设计效果图

图7-25 水体休闲景观设计平面图

图7-26 水体休闲景观设计剖面图

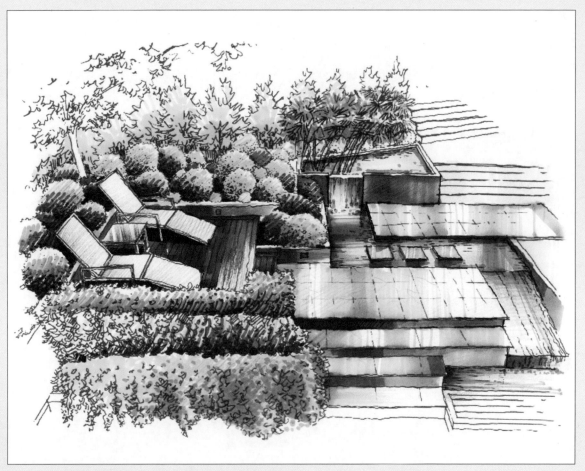

图7-27 水体休闲景观设计效果图

图书在版编目（CIP）数据

园林景观设计与表现 / 丛林林, 韩冬编著. — 北京: 中国青年出版社, 2016.5（2024.1重印）

ISBN 978-7-5153-4151-4

I.①园… II.①丛… ②韩… III.①园林设计—景观设计 IV.①TU986.2

中国版本图书馆CIP数据核字（2016）第081899号

侵权举报电话

全国"扫黄打非"工作小组办公室	中国青年出版社
010-65212870	010-59231565
http://www.shdf.gov.cn	E-mail: editor@cypmedia.com

园林景观设计与表现

编 著：	丛林林 韩冬
编辑制作：	北京中青雄狮数码传媒科技有限公司
责任编辑：	张军
助理编辑：	张君娜 杨佩云
书籍设计：	DIT_design 吴艳蜂
出版发行：	中国青年出版社
社 址：	北京市东城区东四十二条21号
网 址：	www.cyp.com.cn
电 话：	010-59231565
传 真：	010-59231381
印 刷：	北京永诚印刷有限公司
规 格：	787mm×1092mm 1/16
印 张：	7.5
字 数：	312千字
版 次：	2016年6月北京第1版
印 次：	2024年1月第6次印刷
书 号：	ISBN 978-7-5153-4151-4
定 价：	49.80元

如有印装质量问题，请与本社联系调换

电话: 010-59231565

读者来信: reader@cypmedia.com

投稿邮箱: author@cypmedia.com

如有其他问题请访问我们的网站: http://www.cypmedia.com